ち溢れています。春になって寒さが遠のくと、目が涙っぽくなってウルウルしてきます。夏になって地面が乾き、埃っぽくなると喉がいがらっぽくなって声がしわがれてきます。秋になって美しかった野の花が実を結ぶ頃になると鼻がグズグズとして、鼻水が止めどなく流れます。冬になると風邪でもないのに乾いた咳がでてきます。

これらの変化は、私たちの体が季節に合わせて変化した結果なのかもしれませんが、もしかしたら私たちを取り巻く外界、空中、水中に、何か季節毎に異なる「変な物」が混じった結果なのかもしれません。

この「変な物」を私たちのご先祖様は何も区別することなく、おしなべて「バイキン」

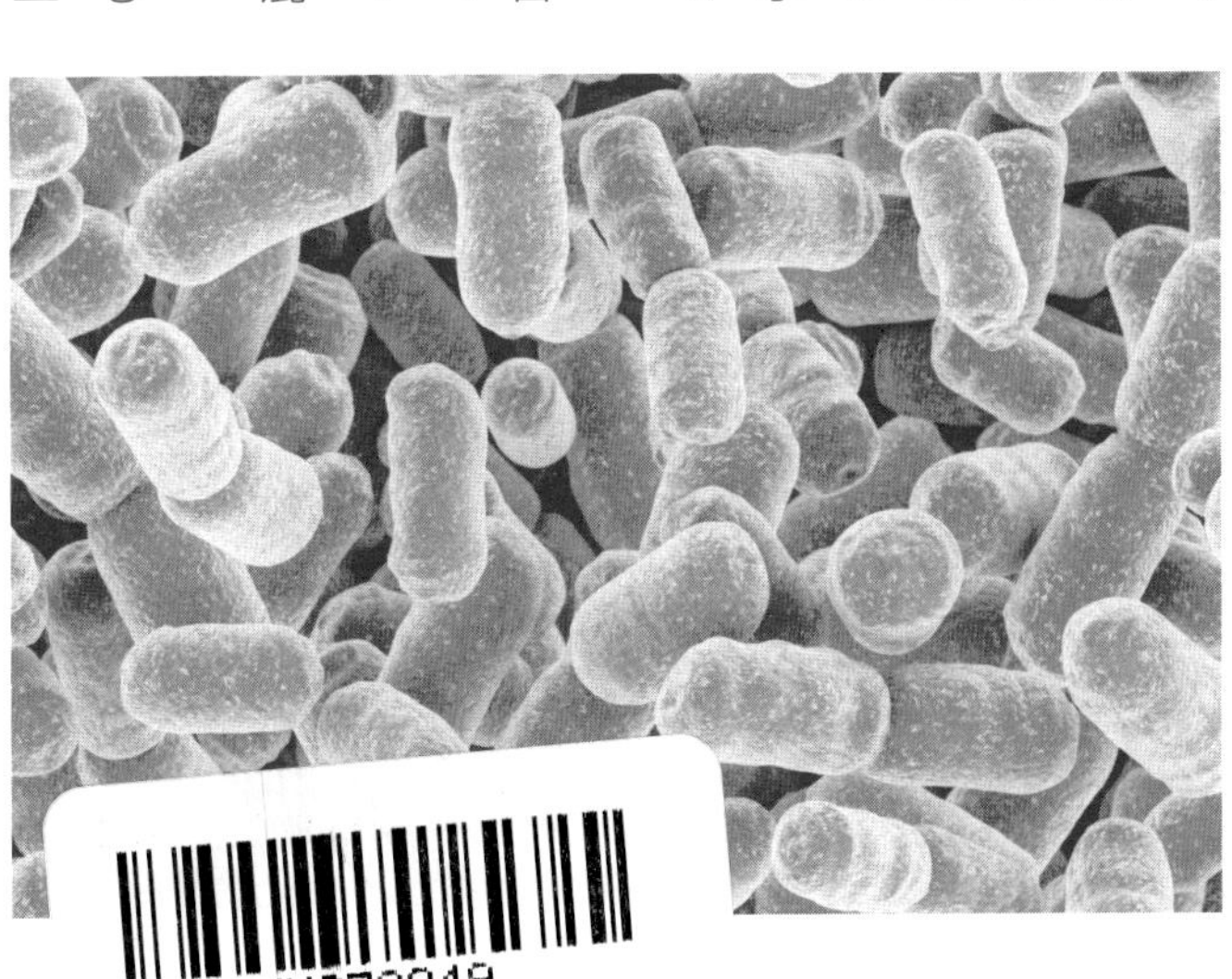

と呼んでいました。つまり、私たちの周囲には常にたくさんのバイキンがうろついており、そのバイキンの種類と量が季節ごとに変化するおかげで、あるときは目が変だ、あるときは喉が枯れる、あるときは咳が出る等々ということになるのです。もし、そうだとしたら、季節ごとに変化する「バイキン」は、私たちの体だけでなく、私たちが大切にする美味しい食物にも何か「変な作用」を及ぼすのかもしれません。そのようなことが現実に起こるのだとしたら、食物は「バイキン」の「変な作用」によって変質してしまうかもしれません。それが「傷み崩れる」ということの正体なのかもしれません。

私たちの外界、つまり空中、水中には酸素分子$O_2$、窒素分子$N_2$、水分子$H_2O$、二酸化炭素分子$CO_2$などの微小な分子しか存在していないわけではありません。空気中や水中には埃、ごみ、砂じん、火山灰、花粉、あるいは目に見えない小さな生物、つまり微生物など、分子の何万倍も何十万倍も巨大な物質がたくさん混じっています。

## 「変な物」の正体

ところで、食物に埃やゴミがついたからと言って、食物は傷んだり、腐ったり、不味くなったり、毒物に変化したりするでしょうか? ゴミや埃がついたからと言って食物の味や匂いが変化することはありません。食品本来の味にゴミの味が加わるだけであり、食品の味を根本から変えることはできません。食品を改質し、その味を根本から変える変化は、「変な物」が自分で食物に働きかけるような場合でなければ起こりえないのではないでしょうか?

そうだとすると、この場合の「変な物」とはチリや埃などの「ゴミ」ではなく、たとえ小さくとも生命を持って、自分から食物に働きかけることのできる「もの」でなくてはなりません。そのような「もの」として、少なくとも「ゴミ」や「埃」は除くことができるでしょう。可能性のある物として残るのは「バイキン」と「ウイルス」です。

このうち「黴菌(バイキン)」の「黴」は中国語で「カビ」を意味する言葉であり、カビは胞子で繁殖する生命体です。つまり、「黴菌」は明らかに「生物」、それも非常に小さくて顕微鏡でないと識別できない「微生物」であり、別名「細菌」とも呼ばれます。このことは後々、非常に大切なことになります。頭にしっかりインプットしておきましょう。

## 良い黴菌と悪い黴菌

「黴菌(ばいきん)」には多くの種類があります。黴菌はその種類に応じて、食品に固有の対処の仕方で対処します。例えば、煮豆に「バイキンA(腐敗菌)」が作用したら、豆は酸っぱく、ネバネバして変な匂いを放ち、とても食べようという気持ちを起こさせる状態ではなくなるでしょう。つまり、この黴菌は「悪い黴菌」です。

しかし、同じように煮豆に「バイキンB(納豆菌)」が作用したら、その豆は、食べることができなくなることはありません。煮豆に納豆菌が作用したら、できる物は納豆です。納豆は、好き嫌いはあるでしょうが、美味しいとして好んで食べる人はたくさんいます。つまりこの黴菌は「良い黴菌」なのです。

黴菌の中には、食品を不味く、不健康に、さらには健康を害するように変化させる物だけでなく、食品をさらに美味しく、価値のある食品に変化させる物もあるのです。つまり黴菌の中には人間にとって役立つ好ましい働きをする「良い黴菌」と、反対に人間にとって役立たない悪い働きをする「悪い黴菌」の2種類があるのです。

## 食中毒

食物を食べてお腹を壊したり痛くなったりする病気を一般に食中毒と言います。食中毒には、ヒ素のような鉱物質の毒を摂取してかかる食中毒もありますが、多くの食中毒は「バイキンにかかった、あるいはあたった」ということになります。要するに、食物を食べることによってかかる食中毒の原因は「バイキン」とされます。そして、この場合の「バイキン」は黴菌とウイルスをゴッチャにしたバイキンなのです。つまり、本当の原因は黴菌なのか、それともウイルスなのかわからない状態です。

しかし、その後に、保健所の見解を載せる新聞には「〇〇細菌による食中毒」あるいは「〇〇ウイルスによる食中毒」と、「細菌・微生物・黴菌」による食中毒と「ウイルス」による食中毒とは、別な中毒として区別して報告されます。

## バイキンとウイルス

それでは、バイキンとウイルスは同じものなのでしょうか? それとも違うものでなのでしょうか?

　この区別は、日常会話と科学会話で異なります。日常的な会話では、「バイキンとウイルスは同じもの」とします。ところが、科学的な会話では「バイキンは微生物とし、ウイルスは別物」とします。科学的に言うと「バイキン」は微生物である「黴菌」と、微生物でない「ウイルス」の両方をひっくるめた定義なのです。つまり、日常の会話では、科学でいう「黴菌」と「ウイルス」およびその両方を混ぜた「バイキン」がごっちゃまぜになって使われているのです。

　それでは、「微生物としての黴菌」と「ウイルス」の違いはどこにあるのでしょうか?　それは非常に大きな問題をはらんでいます。この答えは第5章で見ることにしましょう。

●バイキンの区別

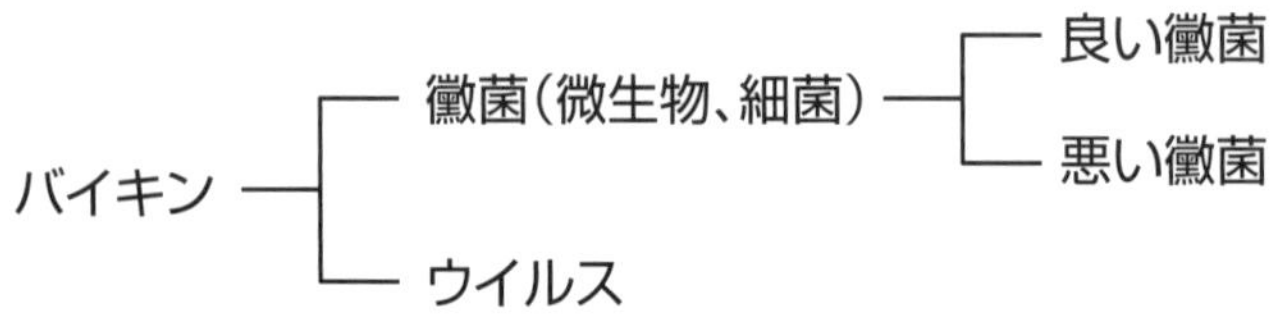

# 黴菌が食物を害する作用

一口に「バイキン」というものには「黴菌」と「ウイルス」という2種のものが混じっており、そのうち、「ウイルス」には難しい話が入ってきますので、さしあたり、ここでは「黴菌」に絞って話を進めていくことにしましょう。

黴菌はどこにでもいます。空気を構成する酸素分子$O_2$や窒素分子$N_2$、あるいは水を構成する水分子$H_2O$のようなものです。空気や水の在る所なら南極だろうと北極だろうと赤道の真上だろうと、どこにでも存在します。それどころではありません、空気の無い真空中や水中、氷中だろうと、どこにだって存在します。

## 繁殖

このように、どこにでもいる黴菌はどこにある食品にでも、手あたり次第、行き当たりバッタリに付着してしまいます。そして付着したら最後、温度やｐＨ（酸性度）等の条件が邪魔しない限り、黴菌はそこで増殖します。もし黴菌がカビの仲間だったらそこで菌糸をのばし、菌糸体を作り、胞子を発散し、周囲一面に広がります。

気が付いた時には手遅れで、やがて食品は一面、白、あるいは青、あるいは黄色など、そのカビ特有の菌糸体の色に染め上げられます。カビの生えた食物に指を触れると、ヌルっとした粘着質の感じがあり、匂いをかぐと、酸っぱみがあったり反対にアンモニア臭があったりと、普段の食品とは違う異臭があります。

この段階で気が付けば、「よくあること」で片付けられます。しかし、この段階で気付かなかった、あるいは大丈夫だろうと思って、無理をして食べると、面倒なことになります。まず、吐き気がします。その後吐いてしまうかもしれません。やがて、お腹が痛くなり、下痢が激しくなります。とても我慢できなくなって、救急車を呼びます。この時点で多くの場合には急性食中毒確定ということになります。

病院に救急搬送されて点滴などの救急措置を施されたのち、症状に応じた薬をもらい、1日とか2日間の必要限度の入院の後、退院して家に帰った後、さらに加療をほどこして、現役復帰ということになります。

## 黴菌によらない食中毒

しかし、よくある食中毒の中には、このような「黴菌」によらない食中毒もあります。そのような食中毒としてよくあるのが、春の山菜と秋のキノコによる食中毒です。これらは黴菌が食品を悪化させたのではなく、食品が最初から自分の中に毒成分を含んでいたから起きたのです。

### ❶水仙による食中毒

毎年起こるのがニラと間違えて有毒の水仙の葉を食べて起こる食中毒です。ハナニラの花も清楚でキレイですが、水仙の花とは違います。何よりもニラの葉には特有の匂いがありますが水仙の葉には匂いなどありません。水仙の葉は幅広で厚ぼったく、ニラの葉とは相当異なりま

●水仙

すが、それでも間違えるときは間違えます。しかも、ニラはたくさん食べますから、ニラと間違えられた水仙もたくさん食べられます。

ということで、水仙の中毒では重症者が出ることがよくあります。間違いの原因は家庭菜園にあるようです。花壇の両端に分けて植えた水仙とニラが繁殖するにつれて境界を接し、いつかわからないうちに混植状態になってしまうことがあります。そうなると、両者の区別がつきにくくなり、ニラと思って水仙を収穫してしまいます。後は思い込みで、水仙とは露ほども思わず、水仙をニラと信じて食べてしまうのでしょう。

### ❷ワラビ

ワラビはおいしい山菜ですが、プタキロサイトという強い毒を持っています。山麓に放牧された牛がワラビを食べると血尿を排泄して倒れると言います。たぶん人間が食べても同じようなことになるのでしょう。しかし、春先にワラビを食べる人はたくさんいますが、そんなひどい目にあったという話は聞いたことがありません。しかも、プタキロサイトはそのような一過性の毒性のほかに、強い発ガン性も持っているといいます。これではワラビを食べた人は踏んだり蹴ったりです。

私たちはワラビを食べるときに灰汁（あく）抜きをします。昔だったら灰を水に溶いた液体(アク)にワラビを一晩寝かす、現代だったら重曹水溶液に漬けるなどの操作です。この簡単な操作によってプタキロサイトは完全に分解除去されるといいます。

灰汁抜きは迷信だなどと馬鹿にしてはいけません。その迷信が定着するまでには、多くの人の犠牲があったかもしれないのです。

### ❸ ニガクリタケ

クリタケは小型で丸く、栗のように茶色のキノコです。豚肉などと煮て食べるとおいしいことから人気のキノコです。ところがこれによく似たキノコで毒になるキノコがあります。ニガクリタケです。両者は外見だけからでは区別が難しく、舐めてみるとニガクリタケは苦いので違いが判るのだそうです。しかし、ニガクリタケが苦いのは生のときだけで、煮てしまうと苦みは消え、クリタケと区別できないそうです。

ニガクリタケの毒性はかなり強く、しかも煮てしまえばわからないのでたくさん食べることもあり、死亡事件になることもあります。

## ❹魚類

魚類には2種類の毒があります。鰭や棘にある毒は刺されると痛い思いをしますが、その部分を切り取って料理すれば、他の部分はおいしく食べることができます。魚類で肉に毒を持つ物といえばフグです。フグの毒はテトロドトキシンですが、これはフグが自分で作っているわけではありません。最初、紅藻類が作った物が食物連鎖によって濃縮されてフグに溜まったものです。したがって天然のえさを食べることのない養殖フグには毒が無いといいますが、一方、養殖フグと天然フグを一緒に飼うと養殖フグに毒が移るという話もあります。それによると、天然フグは体内にテトロドトキシンを生産する菌を飼っており、それが養殖フグに移るのだといいます。この辺は今後の研究待ちでしょう。

テトロドトキシンとは舌を噛みそうな名前ですが、これはテトラ(４)、アド(顎、歯)、トキシン(生物毒)からつけた名前であり、「４枚歯の毒」というような名前です。フグ剃刀(カミソリ)のように鋭い４枚の歯で釣り糸を噛み切ります。また、互いに噛み合って傷をつけあいます。フグをよく知っている人の付けた名前です。

## ❺サンゴ礁の毒

最近、海洋温暖化に伴って、昔なら南洋にしか住んでいなかった魚が日本近海に現れるようになりました。もうすっかり有名物になったヒョウモンダコやソウシハギ等がその例です。ソウシハギはフグ毒の20倍ほど強いという猛毒パリトキシンを持っていることでよく知られています。

パリトキシンは化学者なら驚くほど複雑な構造であり、有名な毒ですが、サンゴ礁に住むイソギンチャクの仲間が一次生産者なので、「サンゴ礁の毒」などと呼ばれています。ソウシハギをはじめ、近海の魚にはこの毒を体内にとどめている物がいるのですが、最近、石鯛などの磯釣りの対象魚にもこれを持つ物がいるといいます。

まだ死亡例はないようですが、食べると、濃度によりますが、筋肉痛が起こり、それが1カ月以上も続くといいます。もちろん濃度が高ければ筋肉痛を感じることもできなくなるでしょう。要注意です。

SECTION 03

# 黴菌が食物を改良する作用

黴菌と食物の出会いは、このような不幸な出会いだけではありません。先に見た煮豆と納豆菌のような幸福な出会いもあります。このような出会いには、なにがしかの伝説が伝えられるものですが、納豆には「坂上田村麻呂(さかのうえのたむらまろ)」という英雄の伝説が残っています。

## 納豆

今から1200年も昔の平安時代、田村麻呂は征夷大将軍(せいいたいしょうぐん)として当時東北地方を治めていた蝦夷(えぞ)を征伐するように朝廷から命令されました。そこで騎馬兵を引き連れて東北へやってきたのですが、ある時、兵糧に困りました。その時は人の食料だけでなく、馬のための食料つまり飼葉も底を尽きました。当時の馬は貴重です。人間が食べなくても、馬には食べさせなければなりません。幸いなことに豆は残っていました。しかし、馬は、生豆は食べません。そこで豆を茹でて藁（わら）と混ぜ、馬に食わせたと言います。

翌朝、兵士が厩（うまや）を覗くと、昨晩馬が食べた飼葉が残っていたといいます。ところがその様子が昨晩と違って、何やら、ネットリと糸をひき、心なしか香ばしいような匂いがする。それで、どうなったのだろうかということで恐る恐る食べてみると、柔らかくて美味しい。これが納豆の発見となり、納豆はその後、東北地方の郷土食となって今に伝わるというわけです。

●納豆

## クサヤの干物

発酵食品として有名な納豆には特有の匂いがあり、納豆が嫌いな人は、この匂いが嫌いという人が多いようです。もうひとつ、発酵食品の匂いとして、嫌いな人の多い食品に「クサヤの干物」があります。この匂いが特有で、特にこの干物を焼いているときの匂いときたら、もしマンションで焼いたら、即時退去勧告を突き付けられるのではと思うばかりです。

ということで、現在では家で焼くことは無理なので、焼いてむしった物をビンに詰めて「焼きクサヤ」として売っているほどです。そうまでして売っていることからしてわかる通り、クサヤの干物には熱烈なファンがついています。あの「匂いはともかくとして味が素晴らしい」、さらには、「あの味と香りが混然一体となった素晴らしさ」が他の物に代えがたいということで、ファンが造成されてきます。

肝心のクサヤの干物ですが、これは八丈島で作る魚、おもにムロアジの干物です。2枚に開いたアジを「クサヤ汁」という特別な液体に潜らせ、その後、天日で干した物です。問題はこの「クサヤ汁」です。江戸時代、産物の少ない八丈島は塩を年貢として納めていました。したがって塩は村人にとって貴重品でした。魚を干物にするためには魚を塩水に潜らせますが、この塩水を1回毎に捨てることはできません。何回も何日も、何カ月も、塩を足しながら使い続けます。

そのうち、魚のカスや体液などが塩水に溶け込んで、そこに乳酸菌が繁殖して、独特の旨さと匂いが醸し出されたというわけです。

## 馴れずし

似たような匂いのする食品に滋賀県の鮒寿司(ふなずし)があります。これはまず、ニゴロ鮒を塩漬けにして2カ月程度置いた物を用意します。新しい桶の底に殺菌のための笹の葉を敷き、その上にご飯を数㎝の厚さで敷き、その上に先ほどの塩漬けした鮒を隙間の無いように並べ、その上にご飯をまた数㎝の厚さで敷き、ということを繰り返したのち、桶が一杯になったら蓋をして1年以上寝かして完成です。鮒とご飯が一体になって乳酸発酵をし、独特の匂いと味の漬物ができます。

食べるときは、ご飯部分は棄てて、鮒だけを食べても良いし、ご飯ごと食べても良いとされています。匂いが大変な食べ物という人もいれば、発酵食品の王様という人もあり、好き嫌いは分かれるようです。好きな人は、この発酵した匂い豊かなご飯をのっけてお茶漬けにするといいます。

ご飯と生魚を一緒に発酵させたものは全国、とくに夏の涼しい東北地方にたくさんあり、一般に「馴れずし」と呼ばれ、握り寿司や押し鮨などの原型とされています。このように、日本の伝統食品の中には、食品と黴菌が出会い、そのおかげで食品が更においしくなったという例がたくさんあります。

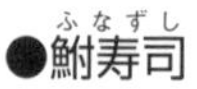

●鮒寿司（ふなずし）

## 救荒作物

昔は冷夏、火山爆発による日照不足などで作物が実らなくなる飢饉があり、その都度大量の餓死者が出たということです。江戸時代には三大飢饉というものが起こりました。それぞれの死亡者は、各藩は幕府に叱られるのを恐れて過小報告し、幕府も自分たちの失態を隠すために過小に記録するので、今となっては全くの推定値しかありませんが。享保の飢饉(1732年)に餓死者90万人、天明の飢饉(1782~1788年)には90万人、天保の飢饉(1833~1836年)には136万人の人口減があったといいます。

50年に1回は何十万人という餓死者を出す飢饉があったときのために庶民が知恵を絞って考えだしたのが救荒(きゅうこう)作物です。これは飢饉のときのために取っておく作物ですから、普段食べてはいけません。そのためには、下手に食べたらひどい目に遭う程度の毒を持っている必要があります。しかし注意して丁寧に毒抜きをしたら食べられるようになりますが、それにしても美味しい物では困ります。美味しければ、普段でもみんなで食べてしまいます。ということで、これらの条件に合致するものとして選ばれたのがヒガンバナとソテツでした。このうち、可食とするのに発酵過程を用いるのはソテツです。

南の島嶼部ではソテツが救荒作物です。太い幹と赤い実の中にデンプンとサイカシンという毒素があります。サイカシンは体内に入ると分解されてホルムアルデヒドという、シックハウス症候群の毒素と同じ物になるので相当危険です。しかし、サイカシンはデンプンよりは水に溶けやすいので、丁寧な水晒しとカビ着けによって無毒化し、食用にしたといいます。沖縄ではこれを特産品として、味噌や麺類にして紹介しようという動きがあるといいます。お酒、特に焼酎の原料にしたら面白そうです。

●ソテツ

# 植物性食品と細菌の作用

黴菌はどのような食品をも自分の意思のままに変えてしまいます。植物性食品からも素敵な発酵食品ができますし、動物性食品からも素敵な発酵食品ができます。

## 味噌・醤油

野菜に塩を振って数日間漬けこめば、乳酸発酵して、乳酸の酸味と発酵の香りが加わった漬物ができます。そこに米からできた糠(ぬか)を加えれば糠漬けや、たくあんができます。

煮豆に塩を加え、長時間保存すると味噌になるというのは中国から伝わった技術でしょう。味噌の製法は、正確にいえば、米や麦、豆などを煮て柔らかくしたものに麹菌を繁殖させて造った麹を、煮た豆に混ぜて放置すれば数カ月後には味噌になります。

今でこそ味噌はスーパーで買って、今日は信州味噌、明日は仙台味噌と毎日好みの味噌を食べることができますが、昔は多くの家庭で味噌を手作りし、家庭の味を味わっていたものです。この頃には、味噌に使う麹は地域や家庭によって、米麹、麦麹、豆麹といろいろあり、それによって味噌の味も異なっていました。

最初にできた味噌は、煮豆に塩をして保管した物だったのではないでしょうか。その豆に自然界にある麹菌がついて繁殖し、豆麹ができて豆味噌ができて、という具合に進化したのではないでしょうか。

このようにして味噌ができ、それを放

●米麹

置すると味噌の上面に黒くて香り高い液体が溜ってきます。これをむかしは「溜まり」といい、醤油として使っていました。いまでも中部地域では「刺身には溜まり」が良いという方は結構います。しかし、豆味噌からとった醤油では味噌臭さが残るので、醤油を作るには麦みそが良いということで、現在の醤油に発展してきたと言われています。

## アルコール発酵

植物の発酵食品と言ったら、忘れてならないのは酵母のアルコール発酵によってできた酒類でしょう。ビール、ワイン、日本酒、紹興酒(しょうこうしゅ)、マッコリなどのように酵母の働きでできた醸造物を絞っただけのお酒である醸造酒、そのお酒を蒸留してアルコール分の高い部分だけを集めたブランデー、ウイスキー、焼酎、マオタイチュウ、ウォッカ、テキーラなどの蒸留酒、あるいは梅酒、ジン、アブサンなどのように蒸留酒に果実などを漬け込んだリキュール、同じようにハブやマムシ、サソリ、ハチなどの毒蛇、毒虫を漬け込んだリキュールなど、さらには何種類かのお酒を混合したカクテルなど、お酒の種類はたくさんありますが、全ては植物性食品と黴菌が奏でる協奏曲です。

SECTION 05

# 動物性食品と細菌の作用

発酵するのは植物性食品だけではありません。動物性食品も発酵します。先に見たクサヤの干物や鮒寿司も動物性食品の発酵品です。日本にたくさんある魚介類の内臓の塩辛も典型的な発酵食品です。

## 魚の発酵食品

塩サケ、塩タラなど魚の身を塩漬けにした物は、ただの塩漬けと思いがちですが、それだけの物ではありません。これらは塩漬けされている間に発酵が起き、従って味はサケ＋塩、あるいはタラ＋塩ではありません。必ずそれに＋αとなる味がプラスされています。このαが発酵によって加わった味であり、香りなのです。

タラの卵を塩漬けにした「たらこ」、サケの卵を嚢に入ったまま、ばらさずに塩漬けにした「すじこ」、ボラの卵を塩漬けにした後、天日で生乾きに乾燥した「からすみ」などはよく知られた魚卵の塩蔵発酵品です。

　魚介類の内臓の塩辛としてはイカの塩辛、タコの塩辛、カニ（シオマネキ）を臼でつぶして塩辛にしたガンヅケ、アユの内臓のウルカ、サケの内臓のメフン、カツオの内臓の酒盗、ナマコの内臓のコノワタなどがよく知られています。

　また、ハタハタなどの小魚を数カ月間塩漬けにし、そこから出る汁を利用した魚醤である、秋田のショッツル、それを利用した鍋料理であるショッツル貝焼（カヤキ）、能登半島のイシル、ベトナムのニョクマム、タイのナンプラーなども有名です。

●コノワタ

## 乳の発酵食品

牛乳を乳酸発酵させたヨーグルトはあまりに有名です。チーズ、バターなども、日本の物は製造現場の衛生管理が厳重ですので微生物が近づくことができず、無発酵となっていますが、ヨーロッパの物は昔から天然の状態で作るので野生の乳酸菌が付着して発酵した発酵品となっています。

## 肉の発酵食品

ハム、ソーセージは、日本の物はともかく、本来は発酵させて貯蔵品とした発酵食品というべきものです。

このように、黴菌は食品を腐らせて食べることのできないものに変える一方で、多くの食品をさらに美味しく、さらに消化されやすく、そしてさらに長期保存に耐えるように改良、改質してくれるのです。黴菌はわたしたちの生活に無くてはならない大切な友人ということができるでしょう。

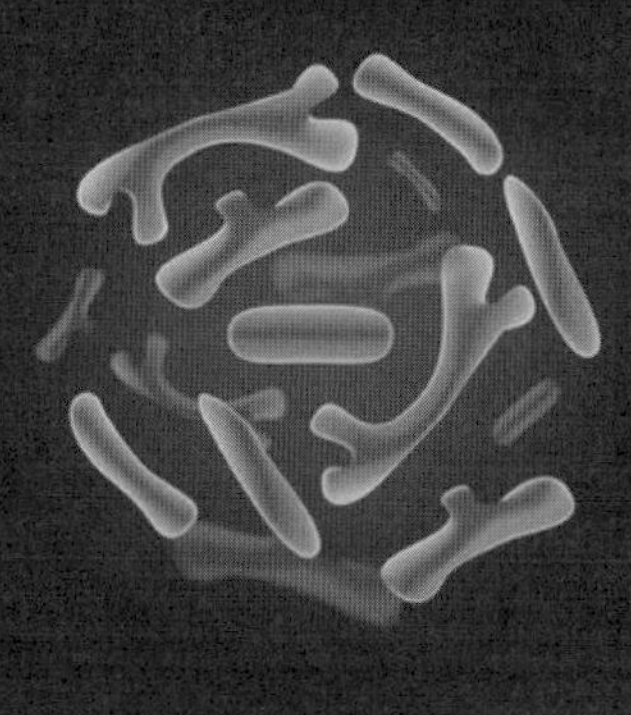

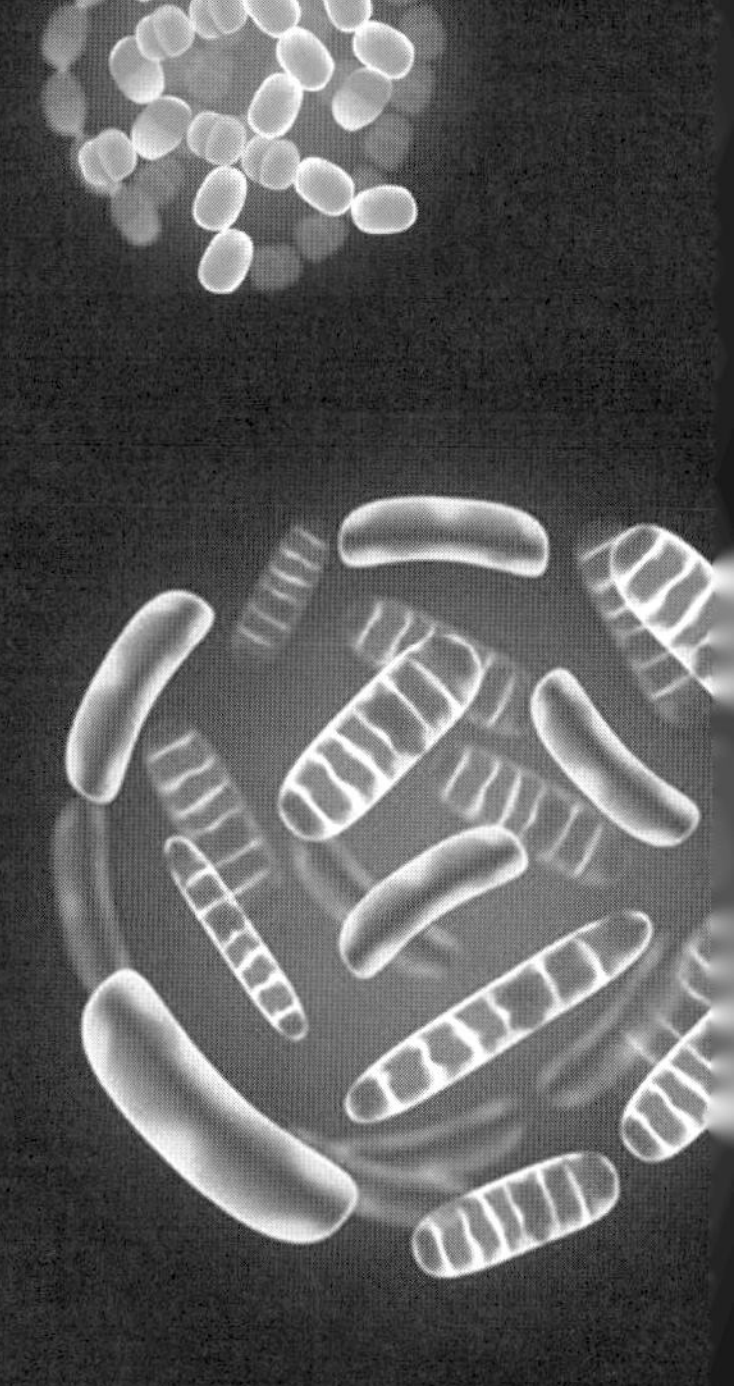

# Chapter. 2
# 発酵とは?

# 腐敗と発酵の違い

ご飯にカビ菌が着くと、ご飯にはカビの白や緑の細い毛のようなものが生え、粘っこくなって酸っぱい匂いがするようになります。腐敗したのです。無理に食べるとお腹が痛くなったり、下痢をしたりします。煮豆に納豆菌が着くと、豆は粘る粘液を発生し、特有の匂いを発生します。一見したところ、気味が悪く、食べようという気持ちにはなりませんが、勇気を出して食べてみると、味は良く、食べた後にお腹が痛くなることも下痢になることもありません。

カビ菌も納豆菌も微生物であり、黴菌の一種です。しかし、カビ菌は大切な食品に毒素を発生させ、食べることができなくします。つまり、「人間にとって有害」なことを行います。一方、納豆菌は煮豆という食品を別の味、香りを持った、美味しくて栄養豊かな納豆という新しい食品に変化させてくれます。つまり人間にとって「有益」なことを行います。

## 人間の都合による分類

微生物にはこのように、人間にとって有害な行為を行うものと、有益な行為を行うものがあります。微生物が行う行為のうち、人間にとって有害なものを「腐敗」と言い、人間にとって有益なものを「発酵」と言います。

つまり、微生物に好意も悪意もなく、微生物は微生物で神様から与えられた能力で、神様から命じられた行動をしているだけなのですが、その結果が人間にとって都合が悪ければ「腐敗」と呼ばれ、都合が良ければ「発酵」と呼ばれるだけなのです。

しかし、「腐敗」は人間にとって全く都合が悪いだけの現象かと言えば、そんなことはありません。食品や生物などの有機物は放って置けばほとんど必ず腐敗し、崩れて形が無くなり、やがて大地に吸収されて大地に戻ります。

もし、腐敗という現象が無かったらどうなるでしょう? 今まで地球上に誕生した人間は何億人いたでしょうか? この瞬間だけでも人口は80億人です。人類の歴史を50万年としてもその間に生を受けた人類の総数は200億人くらいにはなっているのではないでしょうか。その人たちの遺体が地球のあちこちにそのまま転がっているとしたら、とても地球に住もうという気にはならないのではないでしょうか?

と考えれば、腐敗は悪いだけのことではないはずですが、そのようなスパンの長いことは考えず、目先の数日間のことだけを考えれば、確かに腐敗は人間にとって都合の悪いことということはできるでしょう。腐敗、発酵とはそのような程度の分類にすぎません。科学的な分類とはいえないようです。

## 発酵菌と腐敗菌

それでは微生物を、腐敗専門の菌と、発酵専門の菌に分けることはできるのでしょうか?

先の例ではカビ菌はご飯を腐敗させました。それではカビ菌は常に食品を腐敗させる「悪いこと」だけをしている悪い菌なのでしょうか? そのようなことはいえません。チーズにはカビ菌が大切な役割をしています。カマンベールチーズに白カビは欠かせませんし、青カビの生えていないブルーチーズもありえません。青カビのあの特有の匂いこそがブルーチーズの命です。日本のカツオ節だってカビが無ければ作ることはできません。

納豆菌は煮豆を納豆に変える有用な菌ですが、お酒を造る現場である酒蔵で繁殖すると、ブドウ糖をアルコール発酵させる酵母菌に作用して、日本酒を台無しに(腐敗)してしまいます。

炊いた米を食酢(酢酸水溶液)に変える酢酸菌の働きは発酵と言えますが、酒蔵で繁殖すると日本酒を酢に変えてしまいます。この場合の働き(火落ち)は発酵とは呼べないのではないでしょうか? 少なくとも酒造りの総責任者の杜氏(とうじ)さんは酒が腐敗したと思うでしょう。

●カマンベールチーズとブルーチーズ

# 発酵と食品

私たちは発酵食品に囲まれて生活をしています。それが端的にあらわれているのが食事です。

## 朝食

発酵食品が並ぶのは食卓です。どこの家庭でもほぼ同じような食品の並ぶのが朝食でしょう。朝食を例にとってその様子を見てみましょう。

### ❶和食

和食党なら朝ごはんは、ご飯に味噌汁、漬物に魚の干物、お浸し、焼き海苔に醤油、といったところでしょうか。味噌汁の味噌、調味料の醤油が大豆から作った発酵食品であることは言うまでもありません。出汁をとったカツオ節もその乾燥過程でカビの働きを利用しています。

漬物は「野菜と塩の混合物」を数日間放置したものですが、決して「野菜と塩の混合物」のままの物ではありません。微生物によって乳酸発酵され、乳酸と少量多種類の香り成分が生成し、あの味と香りになっています。魚の干物も単に魚を開いて天日で脱水しただけの物ではありません。その乾燥と貯蔵の間に発酵が進行し、あの豊かな味と香りが出ているのです。

まさしく日本食は発酵食品の宝庫といった観があります。

### ❷ 洋食

洋食党の朝ごはんなら、ハムエッグにウスターソース、野菜サラダにドレッシング、バタートーストとコーヒーといったところでしょうか?

パンは小麦粉を水で練って焼いただけの物ではありません。それでは固い煎餅になってしまいます。パンがあのようにふっくらと柔らかいのは、生地に酵母という微生物を混ぜてアルコール発酵しているからです。その過程で出る二酸化炭素が泡となって生地を膨らませ、アルコールなどの微量生成物が味と香りを作っているのです。

ハムやソーセージが発酵食品であることは言うまでもないでしょう。意外かもしれませんが、イギリスのウスターソースには原料に発酵小魚のアンチョビを使ったうえでさらに発酵を重ねた物があります。

バターは日本製の物は発酵されていないようですが、輸入品は基本的に発酵バターです。ドレッシングにヨーグルトが使われていたら、それこそ代表的な発酵食品です。アクセントにタバスコを使ったとしたら、これもまた発酵食品です。

ということで、洋食にもたくさんの発酵食品が使われているようです。

## 嗜好品

発酵品はあらゆる食品の原料に使われています。

### ❶スウィーツ

スウィーツといえばケーキです。そのケーキの香りとして欠かせないのがバニラの香りです。現在では合成品も多く使われていますが本物はバニラビーンズという豆からとります。バニラは長さ60ｍにもなるつる性の植物であり、カトレアに似た花をつけます。その後になるのがバニラビーンズであり長さ30㎝もある細い鞘に入っています。これを収穫しただけではあの特有の香気は無く、これを乾燥した後、水をかけ、また乾燥した後に水をかけという操作を繰り返すと発酵が進んで、あの香りが発生するといいます。

## ❷ タバコ

タバコが健康によくないことが知れ渡ったおかげで、喫煙人口は少なくなったようです。タバコはタバコという多年生植物の葉を原料として作ります。タバコは成長すると高さ2ｍほどにな

●バニラビーンズ

り、長さ30㎝ほどの葉が1本の木に30～40枚つきます。この葉を刈り取って乾燥します。それを数週間から数カ月の間保存して発酵させたものが喫煙用のタバコとなります。つまりタバコも発酵品なのです。

この葉をそのまま丸めて巻いた物が「葉巻（はまき）」であり、細く刻んで薄い紙で巻いた物が一般的なタバコの「紙巻タバコ」であり、刻んだ葉に各種の香料を混ぜた物がパイプタバコとなります。なお、昔日本で煙管（きせる）という喫煙用具で吸っていたタバコは「きざみ」と言われ、乾燥した葉を髪の毛ほどの細さに切りそろえたものです。

### ❸ 紅茶

日本人が好むお茶は緑茶ですが、一口に緑茶と言ってもいろいろあります。普通の緑茶は、お茶の木の新芽を摘み、それを高温で蒸してから揉んで乾燥したものです。蒸すことによって葉の中の酵素や微生物が破壊され、発酵しなくなり、いつまでも緑を保ちます。揉むのは細胞を壊し、成分をお湯で抽出しやすくするためです。

抹茶は日陰で育てたお茶の新芽を蒸したのち、揉まないで乾燥し、その代わり、粉に挽いて丸ごと飲むようにしたものです。同じように粉末のお茶でも、寿司屋さんで出す粉茶(こなちゃ)は、普通に揉んで仕上げた緑茶を粉にしたもので抹茶とは異なります。

それに対して紅茶は蒸さない葉が発酵して赤くなったものです。昔、中国のお茶を帆船でイギリスに運ぶ途中で、帆船の中で発酵して赤くなったものと言われます。イギリス貴婦人は紅茶が大好きで、おかげでイギリスは毎年莫大な外貨を中国に払ってお茶を買っていました。

この紅茶代と、貴婦人が着る絹織物の代価として中国に払う莫大な外貨を、何とかしようと考えたのがインドで栽培したアヘンでした。これが原因でアヘン戦争が起きたといいますから、アヘン戦争の原因はアヘンだけでなく、紅茶も一役買っていたということになるのかもしれません。

●紅茶

SECTION 08

# 発酵食品を生み出す微生物

バイキンやカビといった微生物には、梅雨時のジメジメした気候と共に腐敗、食中毒といったマイナスのイメージがついてまわります。しかしその一方、味噌、醤油、ヨーグルト、チーズ、さらには各種のお酒と、さまざまな発酵食品を作り出してくれるのもバイキンであり各種のカビです。

腐敗や食中毒の原因になる菌では無く、発酵食品を生み出す、人間にとって有益な微生物とは、どのようなものなのでしょうか。発酵食品を生みだす微生物は、生物学的に分類すると3種類に分類することができます。

1つは一般に「カビ」と言われるもので、麹菌、青カビ、カツオブシカビなどがあります。2つ目は「細菌」で乳酸菌や酢酸菌、納豆菌などです。そして3つ目は「酵母菌」の仲間で、パン酵母、ビール酵母、清酒酵母などになります。

## 発酵を起こす菌類

三種の菌をもっと具体的に見ると、日常的な発酵食品を作る微生物として次の5種類をあげることができます。

### ❶ 麹菌(こうじ)

日本人の和食文化に欠かせない発酵食品を作りだす微生物です。煮たり蒸したりした穀物に繁殖する糸状菌(カビ)の一種で、米を原料とした米麹、大豆を原料とした大豆麹、麦を原料とした麦麹などがよく利用されます。

発酵の過程で、デンプンやタンパク質を分解してその成分の糖分やアミノ酸を作り出すため、でき上がった発酵食品に甘みと旨味を加えます。日本酒や醤油、味噌、味醂(みりん)、米酢など、和食の真髄をなす発酵食品の多くには麹菌が利用されています。

### ❷ 酵母菌(こうぼ)(イースト)

ブドウ糖をアルコールと二酸化炭素に分解する微生物です。野菜や果物の葉や果実の表面、空気中や土壌中など自然界のあらゆるところに生息します。アルコールを生成することから、各種のお酒の醸造に利用され、用途によってビール酵母、ワイン酵母、清酒酵母などがあります。それだけでなく、パン、味噌、醤油にも使われます。

パンがふっくらと膨らむのは、酵母菌のはたらきによってできた二酸化炭素が加熱によって膨張するからで、アルコールはパン独特の豊かで良い香りを作りだします。

## ❸ 乳酸菌

乳酸菌は、乳製品由来の発酵食品に欠かせない微生物です。食品中のブドウ糖や乳糖を分解し、乳酸という酸を作りだします。ヨーグルトやチーズなどの乳製品はもちろん、野菜の漬物や味噌、醤油などにも乳酸菌は欠かせません。最近では、腸のはたらきを整える菌として、注目を集めています。ビフィズス菌、ブルガリア菌、コッカス菌など100種類以上が知られています。動物の乳に生息する動物性乳酸菌と、植物の葉に生息する植物性乳酸菌に大別することができます。

乳酸は酸であるため、弱い殺菌作用があり、そのため、乳酸発酵した食品には腐敗菌が発生し難くなります。

## ❹ 納豆菌

納豆菌は、稲わら、枯草、落ち葉など、自然界に存在する枯草(こそう)菌の一種で、特に稲わらにすむ枯草菌を納豆菌と呼びます。蒸した大豆に加えて発酵させると、タンパク質を分解し、アミノ酸やビタミンを生成し、糸を引く納豆を作りだします。納豆には、日本式の糸を引く納豆(糸引き納豆)と、中国や東南アジアにみられる糸を引かない塩辛納豆がありますが、こちらは納豆菌ではなく、麹菌と塩水で発酵させたものです。

## ❺ 酢酸菌

酢酸菌は、アルコールを酢酸に変える微生物です。つまりお酒の中のエタノール$CH_3CH_2OH$を酸化して酢酸$CH_3CO_2H$に変えます。酢は蒸した米に麹を入れ、アルコール発酵させて醪(もろみ)を作り、そこに酢酸菌を入れて酢酸発酵させることによって作ります。醪を作るところまでは日本酒造りと同じです。つまり、日本酒をさらに酢酸発酵させた物が食酢ということになります。

原料が米なら米酢、りんごならりんご酢、ワインならワインビネガーになります。酢には有機酸やアミノ酸が多く含まれていて、疲労回復や血圧上昇を抑制する効果があります。

酢酸菌の中には、発酵の過程で膜を作るものがあり、この性質を利用したのがナタデココです。ナタデココはココナッツの果汁(ココナッツミルク)を酢酸菌(ナタ菌)で発酵し、その時にできる固形分を利用したものです。似た食品ですがタピオカはキャッサバ(タロイモ)の粉(デンプン)を水で溶いて加熱して作ったもので発酵食品ではありません。

発酵に関与する微生物は一般に熱に弱く、多くは60℃以上で死んでしまいます。そのため、微生物を生きた状態で摂取するには、みそ汁は火を止めてから味噌をとくなど工夫をすることが大切です。発酵微生物は、それぞれが単独で働くことはなく、特に和食文化を支える醤油や味噌といった調味料は、複数の微生物の協調作業によって作られます。

## メタン発酵

近年では、抗生物質やビタミンなどの医薬品や石油を作り出す微生物も発見され、実用化されているものもあります。

メタン発酵はメタン菌が行う発酵であり、二酸化炭素や水を原料として天然ガスと同じ燃料であるメタン$CH_4$を生成するものです。メタン菌以外にこの作用を行う菌はいません。メタン発酵の原料には各種の有機物を利用することができることから、メタン菌は将来の再生可能エネルギーの担い手として期待されています。

●発酵の化学反応

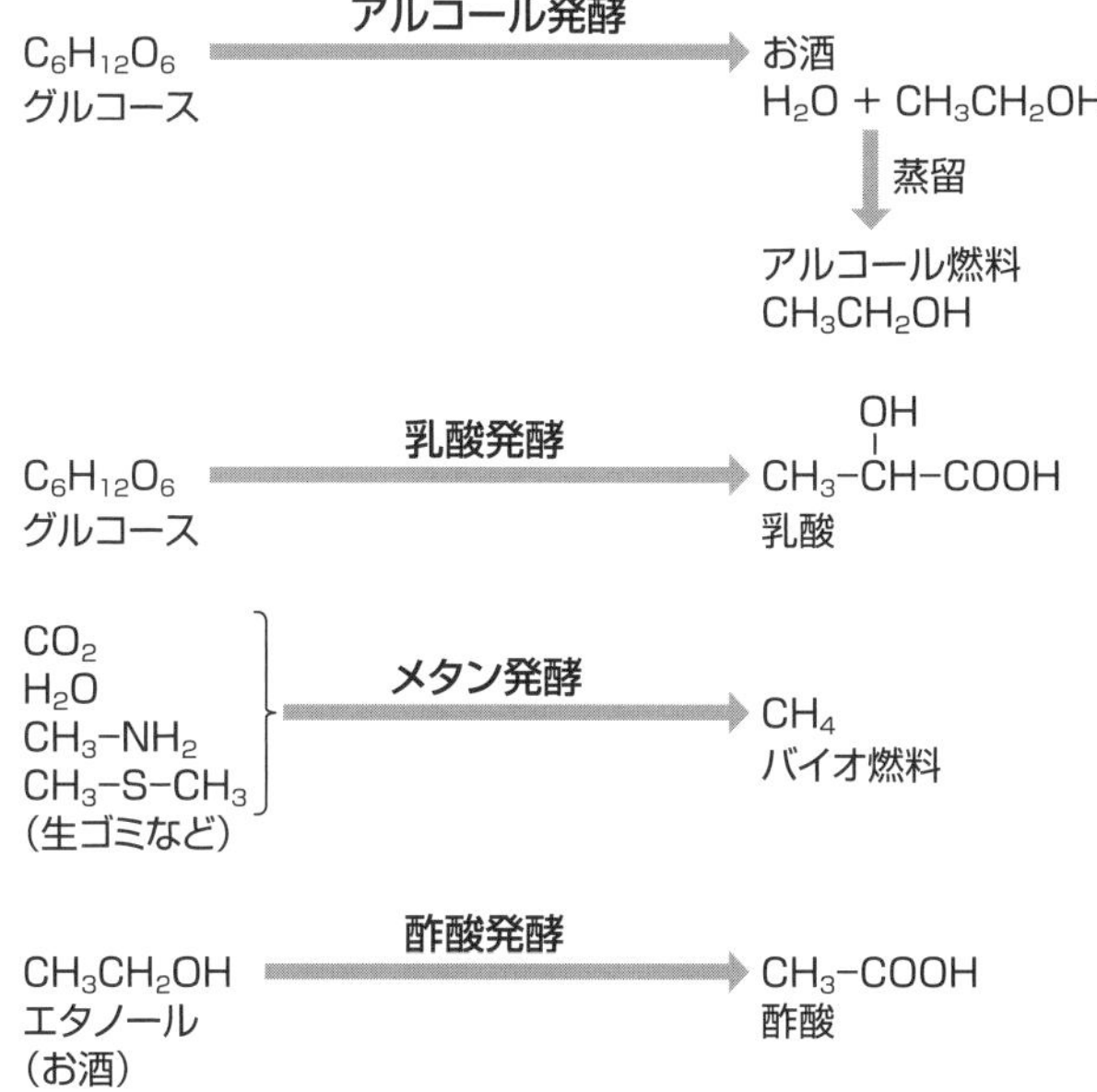

## 二段階発酵の仕組み

発酵は微生物の行う生化学反応です。発酵反応は複雑な反応であり、食品の種類によってそのメカニズムは異なります。しかし、基本的に2つの反応が同時並行的に進行しているものと考えられます。

それは多くの食品がデンプンなどの多糖類とタンパク質を含んでいるからです。そして、多糖類もタンパク質も一般に天然高分子といわれる高分子であり、非常に多くの個数の単位分子が結合したものです。

### ❶二段階発酵

微生物は、このような高分子化合物をそのまま分解することはできません。まず高分子鎖を分解してバラバラの単位分子にします。その後で、この単位分子を分解する作業に入らなければならないのです。

ビールやウイスキーは、麦芽に含まれる「酵素」によってデンプンという高分子をブドウ糖に分解し、その後、「酵母」という微生物によってブドウ糖をアルコール発酵してお酒に変えます。つまり麦芽による分解と酵母による発酵が別々の工程で起こっているのです。

## ❷並行複発酵

しかし、日本酒や味噌・醤油を作る発酵は、並行複発酵と言い、一つの容器の中で麹菌による分解と酵母によるアルコール発酵、乳酸菌による乳酸発酵が同時進行で行われています。

世界中の醸造酒の中で日本酒は、アルコール含有量20%前後と、ビールの7%、ワインの10%程度などに比べて圧倒的に高い数値を誇ります。これは、麹と原料デンプンの混合物である醪の中で徐々にブドウ糖が生成され、できたブドウ糖を徐々にアルコールに変えていく酵母の働き方が理に適っているからと言われます。

## ❸並行複発酵とpH変化

並行複発酵では麹と酵母が協力して発酵を進めます。原料が仕込まれた直後はまだデンプンの分解が進んでいないので、糖分も少なく、pHも高い(中性に近い)です。

そこで、まず乳酸菌が動き、乳酸を発生してpHを下げます（液体を酸性にします）。

　この酸性のために雑菌の繁殖が抑えられ、腐敗が起きなくなります。ある程度分解が進み、糖分が出てきて酵母の発酵に適したpHの低い酸性環境になると、今度は酵母が盛んに活動を始めます。

　酵母は酸素を好む（好気性）ので、このタイミングで空気を取り入れる櫂入れを行ってかき混ぜ空気を入れます。酵母の発酵が落ち着いた頃の醪には、アルコールが存在し、雑菌が混入しても生きられる環境ではありません。そのため、間を掛けて十分な熟成を行うことができます。この結果、さらにタンパク質が分解し、色調が濃くなっていきます。

### ❹アミノカルボニル反応（メーラード反応）

　醤油や味噌の色が濃くなっていくのは、アミノ酸と糖類が結合するアミノカルボニル反応（メーラード反応）という化学反応によるもので、メラノイジンという褐色物質を作るために起こります。

　この反応は生化学反応ではなく、普通の化学反応であり、パンや魚が焦げる反応と同じようなものです。そのため、醸造物の着色物質は発酵による産物とは言いません。

## ❺ エステル化反応

発酵による重要な生産物は、エステルです。エステルには多くの種類がありますが一般に香りの良い物質です。果実の香りの大部分はエステルによるものです。これは発酵によって生じた各種のアルコールと、同じく発酵によって生じた乳酸や酢酸などの有機酸が結合したものです。エステルは、酵母や細菌の発酵が無くなってから生産されるもので、発酵期間が長い製品ほど多くなっていきます。

このように、発酵中にはいろいろな化学反応が同時進行的に進行し、原料とは全く異なる物質に変化していきます。この結果、それぞれの醸造物特有の香り、味、色、質感、歯触りなどがあらわれるのです。これは微生物の種類によるだけでなく、複数種の微生物の組み合わせ、その割合、発酵物質の濃度、温度などによって微妙に異なってきます。発酵においては、厳密にいえば、同じ生産物ができることは無いと言えるでしょう。

SECTION 09

# 乳酸発酵

健康に良いということで乳酸発酵製品の人気が高まっています。乳酸発酵は乳酸菌がグルコースに作用して、1分子のグルコース$C_6H_{12}O_6$から2分子の乳酸$2CH_3CH(OH)COOH$を発生する反応です。

乳酸菌という名称は、細菌の生物学的な分類上の特定の菌種を指すものではなく、その性質に対して便宜的に名付けられたものです。つまり、発酵によって糖類から「多量の乳酸を産生し、かつ、悪臭の原因になるような腐敗物質を作らない菌」なら何でも乳酸菌と呼ばれます。

ただし、一般に次の要件を満たす必要はあるとされます。

・グラム染色により紺青色あるいは紫色に染色される（グラム陽性菌）
・桿菌、球菌である（形状）
・芽胞を発芽しない

●乳酸菌とグルコースの反応

$$C_6H_{12}O_6 \rightarrow 2CH_3CH(OH)COOH$$

・運動性が無い
・消費ブドウ糖に対して50%以上の乳酸を生成する(高効率乳酸生成)

## 乳酸菌の種類

一般に乳酸菌と呼ばれるものにはたくさんの種類があります。乳酸菌は、乳酸のみを最終産物として作り出すホモ乳酸菌と、ビタミンC、アルコール、酢酸など乳酸以外のものを同時に産生するヘテロ乳酸菌に分類されます。主な物を見てみましょう。

## 生物学的な分類

### ❶ラクトバシラス属

ラクトバシラスは桿菌であり、一般に「乳酸桿菌」と呼ぶ場合は、狭義にはこの属を指します。種によって乳酸のみを産生(ホモ乳酸発酵)するものと、乳酸以外のものを同時に産生(ヘテロ乳酸発酵)するものがあります。野外から容易に採取することができ、ヨーグルトの製造に古くから用いられてきました。人や動物の消化管にも多く生息しています。

## ❷エンテロコッカス属

エンテロコッカスは球菌で、ホモ乳酸発酵をします。回腸、盲腸、大腸に生息しており、整腸薬としてビフィズス菌、アシドフィルス菌と共に配合されることが多いです。

## ❸ラクトコッカス属

ラクトコッカスは球菌で、連鎖状ないし双球菌の配列をとり、狭義の乳酸球菌はこの種を指します。ホモ乳酸発酵をし、

●エンテロコッカス

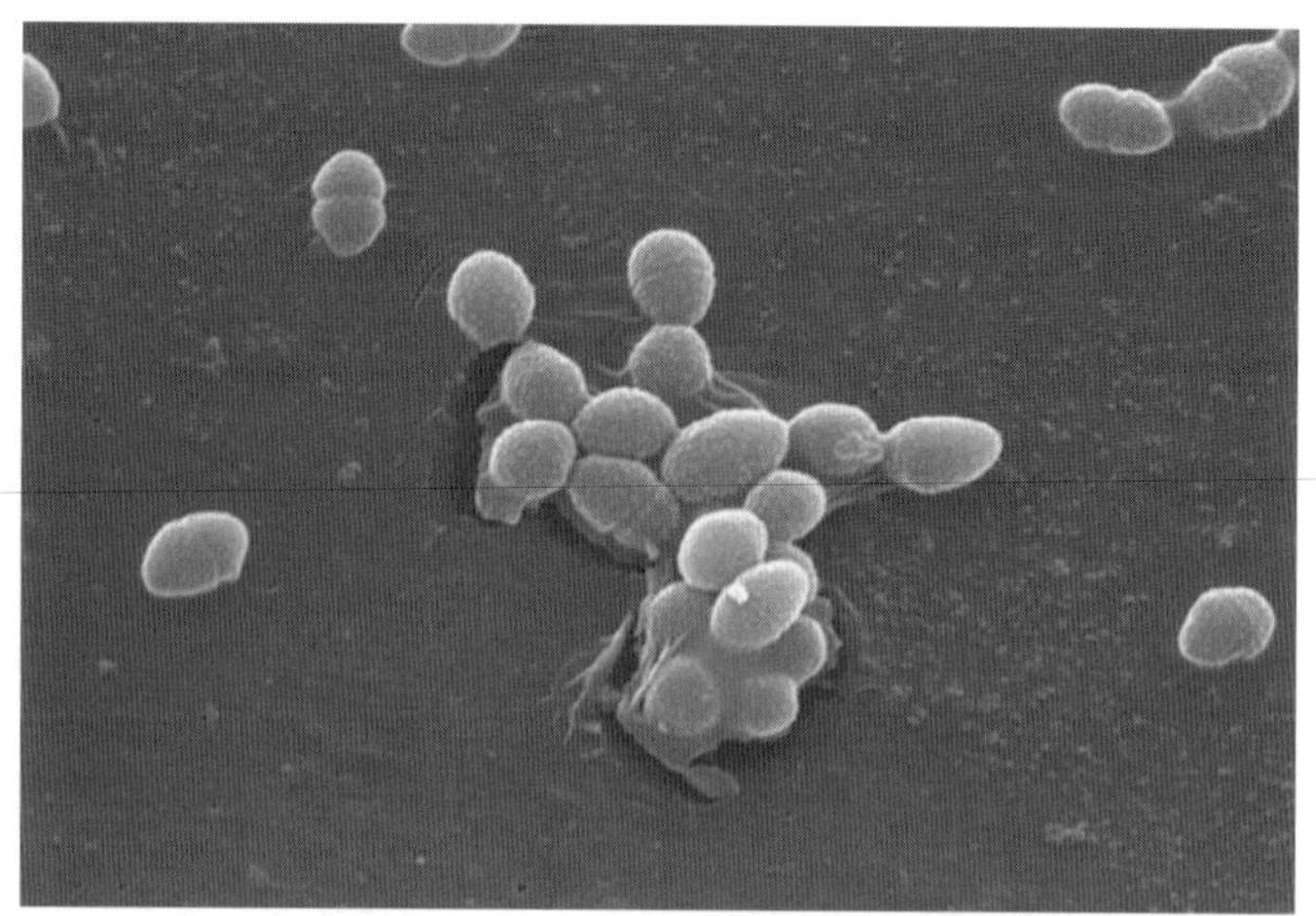

牛乳や乳製品に多く見られます。市販のカスピ海ヨーグルトなどに利用されています。

**❹ペディオコッカス属**

ペディオコッカスは球菌で、４連球菌の配列をとり、ホモ乳酸発酵をします。ピクルスなどの発酵植物製品から分離されることが多いです。

**❺ストレプトコッカス属**

ストレプトコッカス属は球菌で、連鎖状の配列をとります。一般的にヨーグルト（例えばブルガリアヨーグルト）の製造に利用されます。虫歯の主要因の一つとして重要なミュータンス菌はこの種です。

**❻ビフィドバクテリウム属**

ビフィドバクテリウムは放線菌です。俗にビフィズス菌とも呼ばれるヘテロ乳酸菌の一種で、乳酸と酢酸を産生します。ビフィドバクテリウムは、乳児のうち特に母乳栄養児の消化管内において最も数が多い消化管常在菌です。

## 生育場所による分類

### ❶腸管系乳酸菌

動物の腸管に生息します。ヒトの糞便中１ｇあたりの菌数は、ビフィズス菌が１００億個、ビフィズス菌以外の乳酸菌が10～１００万個といわれます。

### ❷動物性乳酸菌

動物質に由来する乳酸菌で、主に乳発酵食品中に存在します。

### ❸植物性乳酸菌

植物質に由来する乳酸菌で、主に味噌、醤油、漬け物、パンなどに存在します。

### ❹海洋乳酸菌

海洋環境から分離した乳酸菌で好塩性・好アルカリ性、耐アルカリ性が特徴です。

## 乳酸菌の機能

乳酸菌は、ヨーグルトやチーズなどさまざまな発酵食品の製造に用いられます。乳酸菌による発酵は食品に酸味を主体とした味や香りの変化を与えるとともに、乳酸によって食品のｐＨが酸性側に偏ることで、腐敗や食中毒の原因になる他の微生物の繁殖を抑えて食品の長期保存を可能にしています。

また、乳酸菌は発酵の際にビタミンＣを産生する菌株があります。牛乳にはビタミンＣがほとんど含まれていませんが、牛乳を発酵して作ったヨーグルトでは微量ながらビタミンＣが含まれています。

●乳酸菌を使ったさまざまな乳製品

一方、他の発酵食品の製造過程において、乳酸菌が雑菌として混入することが問題になることもあります。アルコールに強い乳酸菌は、酒類の醸造、発酵中に混入・増殖すると、異臭・酸味を生じて酒の商品価値を失わせてしまうことがあります。日本酒醸造の現場ではこれを火落ちまたは腐造と言い、これらの菌は「火落ち菌」として造り酒屋たちから恐れられています。

また火落ちにより混入した乳酸菌によって醸造後に腐敗することを防止するための手法が経験的に編み出されて行われています。これは、「火入れ」と呼ばれる低温殺菌法で、醸造した日本酒を65℃の温度で23秒間加熱すればこれらの菌を不活化できることが知られています。

ワインにおいても同様に保存中に乳酸菌発酵によって異臭や酸味を生じることがあり、その原因を究明しようとしたルイ・パスツールの研究によって、食物が腐敗するメカニズムが解明されたと言います。

# 発酵貯蔵品

私たちは自然界から得た食材を果実のように直ちに食べることもあれば、ある種の野菜や魚介類のように一定期間保管、貯蔵した後に食べることもあります。保管、貯蔵すれば当然、鮮度は落ちるわけですから味は劣化していそうなものですが、必ずしもそうではありません。保管、貯蔵のおかげでかえって味が良くなっていることがあります。そのような場合、陰で働いているのは微生物です。

## 塩蔵発酵品

このような保管、貯蔵方法の典型が塩をして塩水につけておく、いわゆる塩蔵食品です。

## ❶ 漬物

塩蔵食品の典型は野菜の漬物です。家庭で漬けたキャベツとキュウリの浅漬けから、老舗の店が秘伝の腕によりをかけた奈良漬け、あるいは年代物の梅干し、さらには代々受け継がれた家伝の糠(ぬか)漬けまで、日本は漬け物のデパートです。

キャベツとキュウリの浅漬けの原料は刻んだキャベツと薄くスライスしたキュウリと塩と水だけです。しかし、この漬け物の中にはこれらの原料には無い味と香りが詰まっています。それこそが、微生物が生みだしてくれたものなのです。この微生物は多くの場合、乳酸菌です。乳酸菌は先にみたように、どこにでもいる菌のうち、「悪さをしないで乳酸を生み出す菌」のことです。漬物の酸っぱさは乳酸の酸っぱさであり、独特の香りは多くの乳酸菌が固有の香り物質を発生させた結果のいわば、香りの協奏曲なのです。

乳酸菌はどこにでもいる菌であり、その種類は雑多です。つまりAさんの家にいる乳酸菌の集団とBさんの家に住み着いている集団は違うのです。これはベルリンフィルとウィーンフィルの違いのようなものです。モーツァルトの同じシンフォニーを演奏しても響き、ニュアンスが違います。漬物は乳酸菌の奏でるシンフォニーなのです。

### ❷干物

魚の干物は魚を開いて内臓を取り、薄い塩水にくぐらした後、海岸で天日干しにしたものです。この一連の操作の間にその海岸独特の乳酸菌群が魚につき、その後、焼いて食べるまでの間、乳酸発酵をするのです。ですから干物の味は塩焼きの味とは異なるのです。顕著なのは有名な「クサヤ」です。これは魚を潜らす塩水に特殊な水を用います。何年も使い続けた塩水です。すると塩水の中で乳酸発酵が進行します。その結果、多くの乳酸菌の香りが溶け合って、あの独特の香りが生まれるのです。嫌いな人は鼻をつまんで逃げだすような匂いですが、その中にこそ乳酸菌の豊かな音楽が響きあっているのだと、好きな人は言うはずです。

### ❸塩辛

塩蔵発酵品と言えば忘れてならないのは塩辛です。塩辛と言えばイカの塩辛が有名ですが、日本は塩辛天国です。カツオで作った「酒盗」、カニ(シオマネキ)で作った「ガンヅケ」、アユの内蔵で作った「ウルカ」、ナマコの内蔵で作った「コノワタ」など天下の珍味がたくさんあります。

## 乾燥発酵品

塩をしないで、加熱した後、乾燥発酵したものもあります

### ❶煮干し

典型的で庶民的な煮干しとしては、イワシなどの小魚をゆでて乾燥したものです。味噌汁の出汁、猫のおやつに欠かせません。

高級品としては中華料理で有名なフカヒレ、乾燥アワビ、乾燥ホタテ(貝柱)、乾燥ナマコ(キンコ)などがあります。いずれも水で戻してから煮物の素材として用います。乾燥ホタテは出汁に使うことも多いようです。

### ❷カツオ節

おむすび、握り寿司、お茶漬けなど日本には昔から多くのインスタント食品がありますが、その中の傑作がカツオ節です。削って醤油をかけるだけで立派な料理になるのです。

ただし、カツオ節を削るのはインスタントですが、カツオ節を作るのは労力と神経を使う大変な作業です。鰹を3枚におろし、それを背側と腹側に切り分けた後、煮て、残った骨を毛抜きのような道具で取り去ったのち、燻製にして乾燥します。それにカビをつけてさらに乾燥し、という操作を繰り返してようやく完成です。

カビを付けるのは、カビがカツオ節の内部に根を張り、内部の水分を表面に吸い出す効果やタンパク質や脂肪分を分解し、旨味や香りが良くなるためと言われています。

●カツオ節

## 無毒化食品

塩蔵で注目したいのは毒物から毒を除く効果です。山村で昔から行われてきたのがキノコの塩漬けです。秋に取ったキノコを塩漬けにして適当期間放置し、その後、塩出しをして料理するのです。この操作によってある種の毒キノコは毒を失って食用になるといいます。ただし、塩の量、塩蔵期間は伝承です。土地の長老に聞く以外ありません。土地の人が「このキノコは食べれるよ」という場合は、「このような塩蔵をすれば食べれるよ」という意味でのことがあります。それを知らないで、採ったキノコをそのまま料理して食べると、食中毒になることがあるというのは昔から言われる通りです。

トラフグの卵巣は猛毒中の猛毒物ですが、能登半島では食用にします。ただし、1年ほど塩漬けにし、それを塩出しした後、今度は糠（ぬか）漬けにしてさらに1年ほど置くのだそうです。そうすると猛毒のテトロドトキシンが無くなって美味しく食べることができるといいます。安全なことは保健所のお墨付きで、金沢では駅の売店でも売っています。興味のある方はお試しあれ。

ただし、どのようなメカニズムで無毒化するのかは科学的に解明されていません。

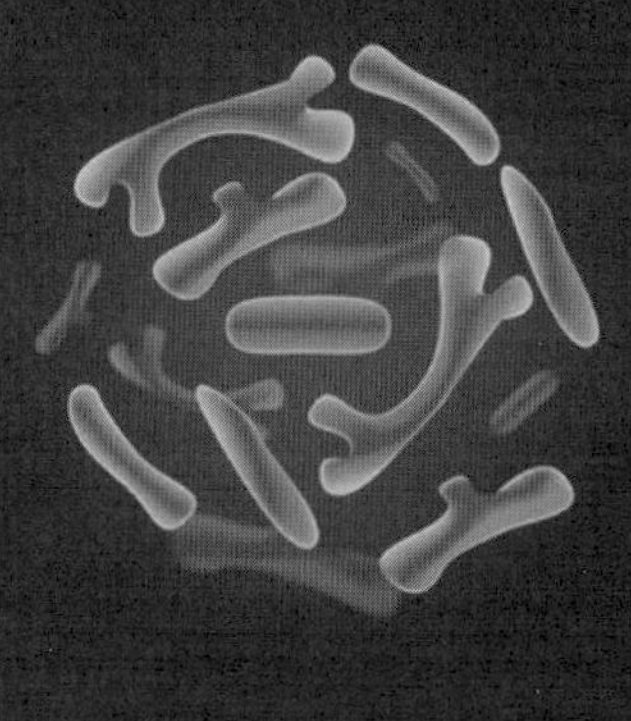

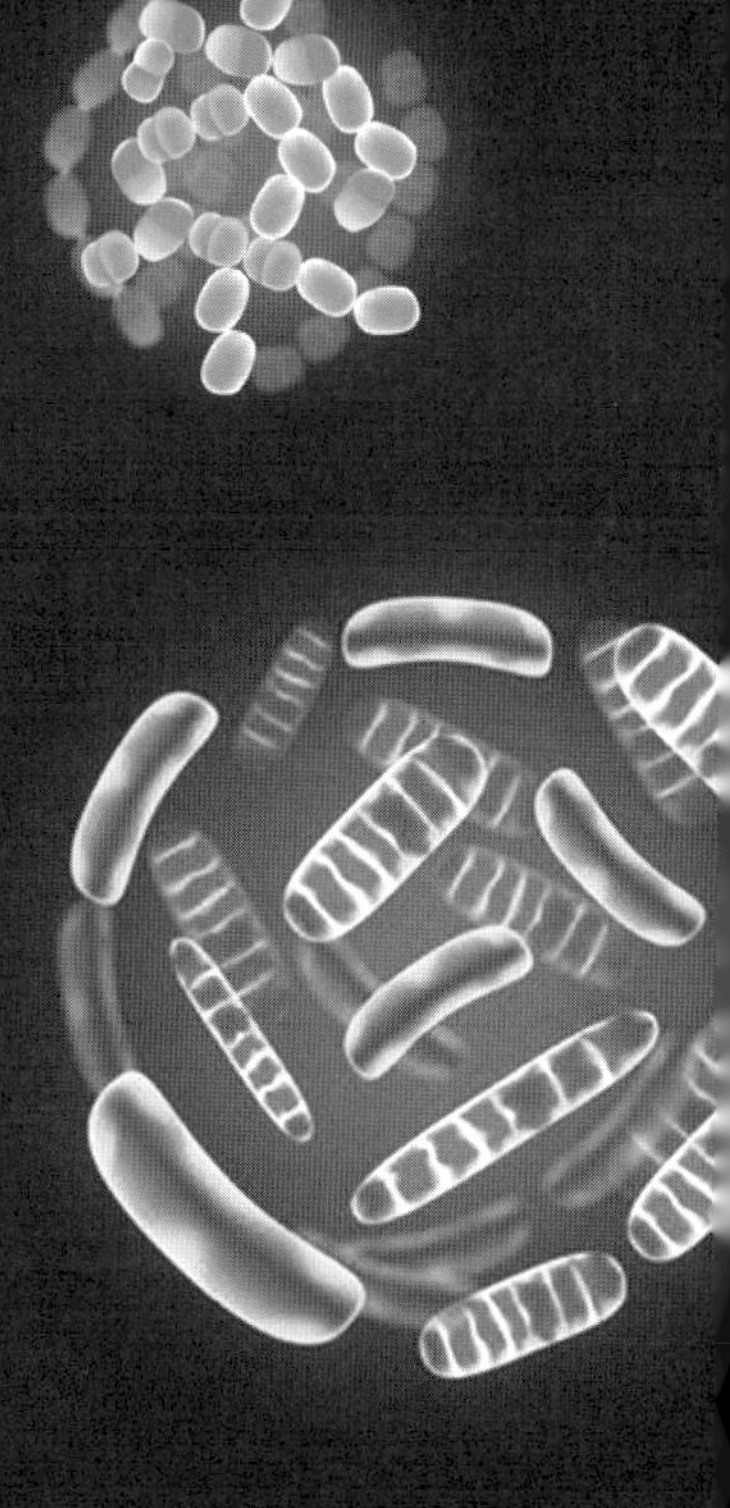

# Chapter. 3
# 醸造と菌

# SECTION 11 醸造

醸造というと連想するのは醸造業であり、次いで思い出すのはお酒の作成です。しかし、醸造というのは発酵を基本とした商工業のことであり、その大きな分野は酒造にあります。

しかし、醸造はそれだけではなく、味噌、醤油をはじめとして酢（食酢）、味醂（みりん）など各種の発酵製品を作る工業全体のことを言います。

## 酒造

最近では、醸造といえば酒造というほどお酒作りが盛んになっています。お酒は言うまでもなく、アルコールの一種であるエタノール$CH_3CH_2OH$を含んだ飲料です。世界中に多くの種類のお酒があり、多くの人々に楽しまれています。お酒はどのような種類のお酒でも、飲むと必ず酔いが起こり、気分が良くなるという、何物にも代えがたい長所を持つと同時に判断力が鈍くなり、いろいろの障害が起こるという短所もあります。

天然の原料を用いてお酒を作ることを醸造と言います。お酒の作り方には大きく分けて2種類あります。一つはブドウ糖(グルコース)を酵母菌(イースト)によってアルコール発酵させる方法です。イーストは1分子のグルコース$C_6H_{12}O_6$を分解して2分子ずつのエタノールと二酸化炭素$CO_2$を発生します。もう一つはデンプンを分解してブドウ糖とし、それをアルコール発酵する方法です。

お酒の強さは含まれるエタノールの割合で表されますが、日本では体積パーセントを「1%=1度」として表現されます。つまり15度のお酒1L(1000mL)中には150mLのエタノールが含まれているということです。

●ブドウ糖(グルコース)と酵母菌(イースト)の反応

$$2C_6H_{12}O_6 \rightarrow 2CH_3CH_2OH + 2CO_2$$

## ブドウ糖のアルコール発酵

ブドウ糖はブドウをはじめ、いろいろの果実に含まれますし、デンプンは麦、米、高粱(コウリャン)など各種の穀物の主成分です。従ってアルコール発酵の原料であるブドウ糖はいろいろの原料から作ることができます。このようにして、各種のブドウ糖を発酵して作ったお酒を醸造酒と言います。

つまり、一番ストレートなお酒のつくりかたはブドウ糖に酵母を加えてアルコール発酵させれば良いのです。

典型はワインです。ブドウの果実はブドウ糖をたっぷり含んでいるうえに、ブドウの果皮や葉には天然の酵母が付着しています。つまり、ブドウを貯蔵して置けば人間は何もしなくても、ブドウが勝手にワインになってくれるのです。昔から猿が作るというサル酒が知られており、猿はその酒を飲むために、酔っ払って赤い顔をしている？というおとぎ話がありますが、そのサル酒がワインです。したがってワインの歴史は長く、お酒の中で最古の歴史を持つものと考えられます。

## ❶ 赤ワインの作り方

ワイン、とくに赤ワインの作り方はあっけないほど簡単です。ブドウの果実から果汁を搾り、果皮、種子とともにタンクに入れて発酵させます。発酵後、圧搾機にかけて果皮と種子を取り除き、樽またはタンクに詰めて時折、澱(おり)と呼ばれる沈殿物を取り除いて熟成すれば完成です。つまり、猿が木のウロ(窪地)にブドウの果実を貯めておけば、その先何もしなくてもいつかはブドウ酒、ワインになるというわけです。

ただし、ワインの酸化による品質低下や雑菌繁殖を防止するなどの意味で亜硫酸ガス$SO_2$を加えることが伝統となっています。

## ❷ 白ワインの作り方

一方、白ワインは発酵前に果皮や種子を取り除きます。そのため、色がつかないので白くなるのです。

## ❸ ロゼワインの作り方

赤ワインと白ワインの中間がロゼワインです。常識的に考えれば、赤ワインと白ワインを混ぜればロゼワインになりそうなものですが、ヨーロッパではそのような安易な作り方は禁止されています。ロゼワインの正式な作り方は次の3種です。

- 果皮とともに発酵を行い、ある程度色がついた段階で果皮を取り除く
- 赤ワイン用の黒ぶどうの果汁だけで発酵を行う
- 黒ぶどうと白ぶどうを混ぜて発酵を行う

## ❹シャンパンの作り方

誕生日やクリスマスなど特別な日に飲むのが、発泡酒であるシャンパンです。シャンパンは特別な原料を使う訳ではありません。ブドウのアルコール発酵の際に出る二酸化炭素を逃がさずに、ワインの中に閉じ込めただけのお酒です。

伝統的な作り方は、普通の白ワインをビンに詰め、そこに糖分と酵母を加えて二次発酵させます。もちろん、途中で沈殿物を除くなどの操作が必要なので、その分、高価になります。

## 特殊なワインの作り方

普通のワインとは一味違ったワインがあります。

### ❶ 貴腐ワイン・ストローワイン

栽培中のブドウに貴腐菌という黴菌がつくと、菌がブドウの果実の表面を覆っているワックスを食べてしまいます。その結果、果皮は防水力を失うので果実は乾燥して干しブドウ状態になります。この果実を発酵させたものが貴腐ワインですが、糖度が高いことで有名です。

貴腐ワインは希少で高価ですが、干しブドウを用いたワインがストローワインで、貴腐ワインの廉価版という扱いになります。

●貴腐菌がついているブドウの果実

## ❷アイスワイン

冬になるとブドウは木に成ったまま凍ってしまいます。この状態で絞った果汁は糖度が高くなります。この果汁で作ったワインをアイスワインとよびます。

## ❸ポートワイン

ポートワインは、まだ糖分が残っている発酵途中にアルコール度数77度のブランデーを加えて酵母の働きを止めたワインです。

独特の甘みとコクがあり、アルコール度数も20度前後と高く、保存性が非常に優れています。このようなワインは各地で作られていますが、最終的に熟成する地域が指定されていて、そこで最低3年間、長いものでは数十年熟成されたものだけが、ポートワインと呼ばれる資格があることになります。

●アイスワイン用の凍ったブドウ

# デンプンのアルコール発酵

現代の私たちが飲むお酒の原料の多くはブドウではありません。麦酒（ビール）の原料＝大麦、日本酒の原料＝米、ウイスキーの原料＝大麦（トウモロコシ等、いわゆる穀物）です。穀物の主成分はデンプンであり、ブドウ糖ではありません。それではデンプンを原料とするこれらのお酒はどのようにして作られるのでしょうか？

穀物を原料とするお酒は2段階で作られます。

**① 一段階目はデンプンをブドウ糖に分解する**

**② 二段階目で、そのブドウ糖をアルコールに変化させる**

高分子化合物のデンプンを単位分子のブドウ糖に分解するには、分解する「物」が必要です。そのために用いる「物」が、麦を発芽させた「麦芽（ばくが）」や微生物の「麹（こうじ）」です。具体的な例を見てみましょう。

## ビールの作り方

ビールの原料は大麦です。麦に含まれる糖類はデンプンですから、酵母にアルコール発酵をさせるためには、デンプンを加水分解してブドウ糖に換えなければなりません（糖化）。この役目をするのが麦の若芽である麦芽に含まれるタンパク質（分子）である「酵素」です。麦芽の酵素が作ったブドウ糖をアルコールに換えるのはおなじみの微生物である「酵母」です。

●酵母

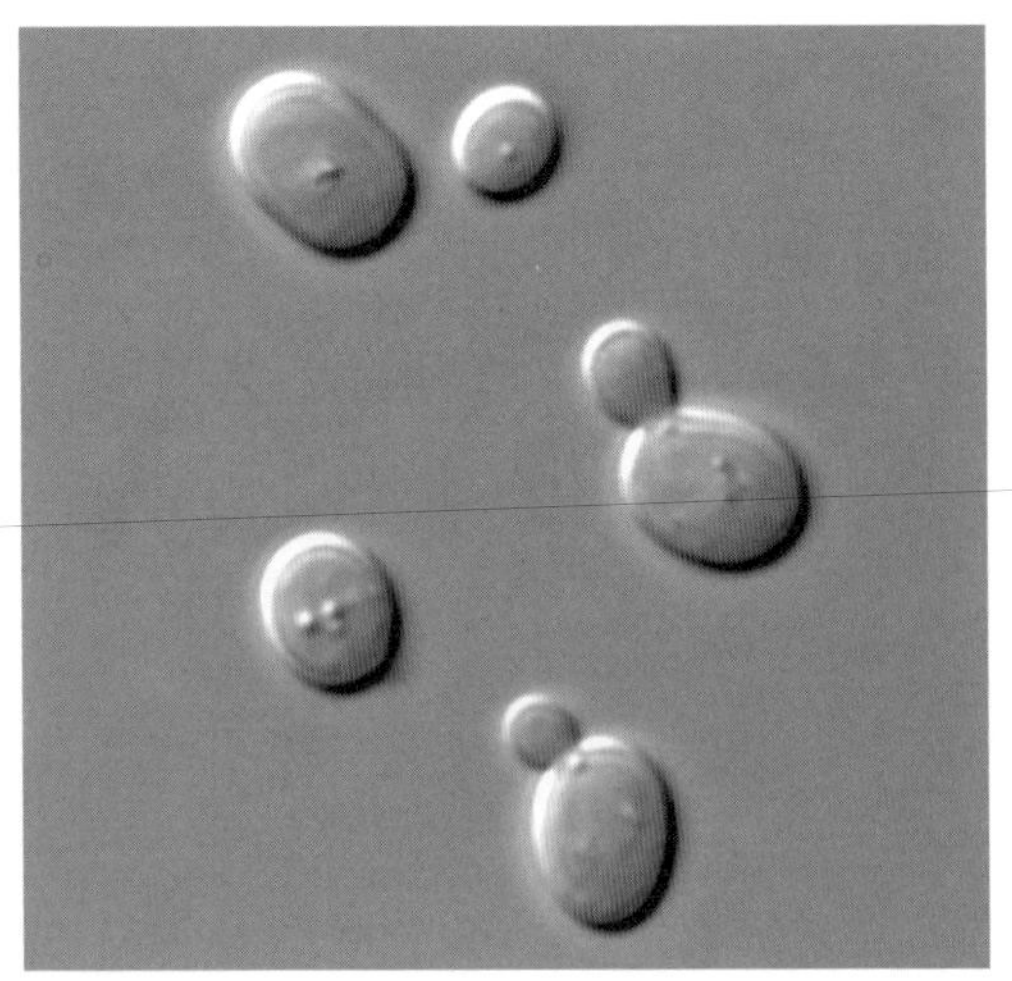

### ① 麦芽作り

大麦に水を含ませて発芽させたのち、熱風で乾燥します。乾燥した麦芽を砕いて細かくします。

**②糖化**

砕いた麦芽と大麦や米などの穀物の副原料と温水をタンクに入れ、適度な温度で、適当な時間保持すると、穀物のデンプンは麦芽の酵素によって加水分解されてブドウ糖になります。

**③ホップ添加**

麦汁をろ過してホップを加え、煮沸します。ホップはビールに苦味と香りをつけますが、発酵の本質には関係しません。

**④発酵**

麦汁を適当な温度に保ち、これに酵母を加えて一週間ほど発酵させます。発酵には上面発酵と下面発酵があります。

・上面発酵

発酵温度を室温に保つと発酵は急速に進み、酵母は盛んに炭酸ガスを出すため、液体の上面に浮かぶので上面発酵と言います。この方法で作ったビールをエールビールと呼び、複雑な味が出るといいます。

・下面発酵

発酵温度を5℃以下に保つと発酵はゆっくり進行し、液体の下方に沈むので下面発酵と言います。温度が低いので雑菌が繁殖しにくいという長所があります。この方法で作ったビールをラガービールと呼びます。日本のビール

●ビール醸造所

の多くはこの方法で作られています。

⑤ 濾過

その後、沈殿物を濾過して除けばビールの完成です。

## ビールの種類

ビールにはいろいろの種類があります。

❶ 生ビール

普通のビールは酵母や雑菌の働きを止めるために加熱殺菌をしますが、加熱をしないものを生ビールと呼びます。

❷ 自然発酵ビール

その土地あるいは醸造所固有の酵母を用いたビールです。

### ❸黒ビール

淡色麦芽と濃色麦芽をブレンドし、高温で焙煎・乾燥させてつくる濃色麦芽を用いたビールです。カラメル臭やロースト臭が特徴です。日本の主要ビールメーカーも販売していますが、ビール全体に占める割合は1％程度といいます。

## 日本酒の作り方

日本酒は清酒とも呼ばれ、日本が誇るお酒ですが、造り方は非常に複雑です。原料の粳米（うるちまい）（普通の米）に含まれる糖分はデンプンですから、ビールの場合と同じようにデンプンを分解（糖化）する必要があります。日本酒の場合、デンプンをブドウ糖に分解するのは酵素ではなく微生物の「麹」です。そして、ブドウ糖をアルコール発酵するのは酵母です。日本酒は糖化と発酵の両方の過程が共に微生物による同時進行で進みます。

### ①米を削って（磨いて）シンコだけにする

米の表面部分に含まれるタンパク質などの夾雑物を除くためです。米の重量の何%が残ったかを精米歩合と言います。歩合が低いほど高級酒です。低い物(高級酒)は20%程度です。つまり米の重量のうち80%は捨てるのです。

② 精米した米を釜に入れて蒸す
③ できたご飯(蒸米)に麹菌を加えて米麹を作る
④ 米麹に、蒸米、水、酵母を加えて発酵させ、酒母(もと)を作る
⑤ そこにまた、蒸米、水を加えて醪(もろみ)として発酵させる
⑥ 醪を絞る

## 日本酒の種類

日本酒の名称は数えきれないほどたくさんありますが、それは酒造会社がつけた、いわば個人名のようなものです。それ以外に、原料米の品質、できたお酒の品質の良し悪しなどで分けた分類があります。

日本酒は特別名称酒と普通酒に分けることができます。市中に出回っている日本酒の70%は普通酒です。

**❶普通酒**

普通酒の条件は次の3条件のどれか1つに該当するということです。

**・精米歩合が70%以上**

米の70%以上を残す。要するに磨き方が不十分ということです。

**・エタノールを10%以上加えている**

普通酒のエタノール含有量は15%ですから、お酒からきているエタノールは5%未満、要するに1/3以下ということです。

●特別名称酒の種類

| 特定名称酒 | | 使用原料 | 精米歩合 | 香味等の要件 |
|---|---|---|---|---|
| 純米酒 | 純米大吟醸酒 | 米、米麹 | 50%以下 | 吟醸造り、固有の香味、色沢が特に良好 |
| | 純米吟醸酒 | | 60%以下 | 吟醸造り、固有の香味、色沢が特に良好 |
| | 特別純米酒 | | 60%以下<br>又は<br>特別な製造方法 | 香味、色沢が特に良好 |
| | 純米酒 | | ー | 香味、色沢が良好 |
| 本醸造酒 | 大吟醸酒 | 米、米麹、醸造アルコール | 50%以下 | 吟醸造り、固有の香味、色沢が良好 |
| | 吟醸酒 | | 60%以下 | 吟醸造り、固有の香味、色沢が良好 |
| | 特別本醸造酒 | | 60%以下<br>又は<br>特別な製造方法 | 香味、色沢が特に良好 |
| | 本醸造酒 | | 70%以下 | 香味、色沢が良好 |

・三等米（整粒歩合45％以上）を用いている

整粒歩合とは、形が整っている米粒の割合のことで、45％以下の米は規格外となります。

**❷ 特別名称酒の種類**

普通酒より高級なお酒が特別名称酒ということになります。これには8種類あります。大きく分けて純米酒と本醸造酒に分けられます。違いはアルコールが加えられているかどうかです。

## マッコリ（韓国酒）の作り方

日本酒と同じように糖化とアルコール発酵が同時進行する作り方です。日本のドブロクと同じ作り方です。

**① 米を洗い、水に6～8時間浸した後、炊いてご飯にする**

②ごはんを冷やした後、小麦麹と水、酵母を混ぜる
③発酵容器に入れ発酵させ、毎日2回かき混ぜ4日目から撹拌しない
④発酵開始から5~7日後、袋状の布に入れて絞る
⑤絞った原液の1倍から1・2倍の水を入れ、冷蔵庫で2、3日保管すると微炭酸になり完成する

このようにして、ビールや日本酒のように、発酵過程だけで作ったお酒を醸造酒と言います。醸造酒のアルコール度数は一般に低く、日本酒(最高20度)が最高と言われています。

しかし、次に見る蒸留酒に比べて、原料成分がそのまま残っているので、カロリー、栄養分共に豊富ということができます。同時に、発酵によってできたほかの夾雑物もそのまま残っているので、悪酔いするとか、ダイエットに良くないとかのデメリットも生じます。結局はどちらを選ぶのかの自己判断の問題です。自己責任でどちらでも、ということです。

# 蒸留酒

醸造酒を蒸留してアルコール分を高めた物を蒸留酒と言います。蒸留酒のアルコール度数は原理的に100度まで可能ですが、こうなるとエタノールそのもので、お酒とは呼ばれないでしょう。

## ブランデー

白ワインを蒸留したものです。現代的な精密蒸留をしたら100%エタノールになってしまいますから、いかにして不完全蒸留にして、不純物を取り込むかが技術という難しいことになります。

蒸留したブランデーはオーク（樫）の樽に入れて熟成します。フランスのコニャック地方で作られるコニャックでは、熟成期間の長さによって名前が付けられています。

ナポレオンクラスで最低7年は寝かせるそうです。

## ウイスキー

ウイスキーの原料はビールと同じ大麦です。醸造過程はビールと同様です。まず麦芽を作りますが、これを乾燥するのにイギリス特産の低質石炭である泥炭(ピート)を使います。そのため、麦芽にピートの燻煙臭が着き、ウイスキーの最大の特徴が決まります。

この麦芽と砕いた大麦、温水、酵母を混ぜて発酵するとアルコール度数7度ほどの醪(もろみ)ができます。これを濾過して液体部分を蒸留すればウイスキー原液の完成です。これを樽に入れて適当に熟成すればウイスキーの原酒(モルト)のでき上がりとなります。

いろいろの工場でできた何種類ものモルトを適当な割合でまぜ、適当な期間貯蔵した物が市販のウイスキーとなります。なお、アメリカ産のバーボンウイスキーは原料がトウモロコシという特色があります。

## ウォッカ

ヨーロッパの冗句に「ロシアにウォッカしかないのは世界の七不思議」というのがあるくらい、程度の低いお酒と言われるウォッカですが、そう言われるのも頷ける通り、ウォッカの原料は決まっていません。大麦、小麦、ライ麦はもとより、ジャガイモでも良い、デンプンなら何でも来いです。

作り方は単純豪快、原料を煮て濾過してデンプン汁を作り、これに酵母を加えれば以上終り。醪を絞って原液を作り、これを蒸留します。アルコール度数はほぼ100％まで好み次第です。

ただし、後に待っているのが、「白樺の木炭で濾過して不純物を除く」という工程です。この結果、待っているのは、醸造工程で出た不純物を除かれた純粋アルコールの水溶液のはずなのですが、不思議な美味しさが醸し出されています。これこそ「芸術の国ロシア」の奇蹟なのかもしれません。ウォッカは美味しいです。もしかしたら、白樺の木炭に残った白樺の樹精が何か「イタズラ」をしているのかもしれません。

## 茅台酒（マオタイチュウ）

マオタイチュウは中国の国酒とされ、国家行事としての宴席での乾杯に使われます。原料は中国の主食に当たる高粱（コウリャン）や黍（キビ）であり、特殊な物ではありません。特殊なのは作り方です。

茅台酒は固体発酵という方法で造られます。多くのお酒は原料穀物に大量の水を加え、ドロドロの溶液状態で発酵させますが、これを一般に液体発酵といいます。それに対して固体発酵は蒸した原料に麹と酵母だけを加えて、いわばご飯状態の固体状態で穴倉に入れて発酵させます。

1カ月後、穴蔵から取り出して蒸籠（セイロウ）に入れ、下釜から水蒸気を通して水蒸気蒸留します。このようにして得たお酒を3年ほど寝かせて熟成したものが茅台酒になるのです。さすがに高貴な香りは国宝ものです。

市販の物のアルコール度数は40度ほどですが、飲むと40度のお酒とは思えないほど酔いが回ります。

## テキーラ

テキーラはメキシコのお酒で、原料はアロエに似た多肉植物、リュウゼツランの根です。作り方は6年から10年間栽培したリュウゼツランを掘り上げ、茎を落として、1個40kgほどの球状の根だけにします。これを釜に入れて2日間蒸し焼きにしたのち、2日間かけて冷やします。この間に酵素が働いて、デンプンがブドウ糖に分解されます。

これを細かく砕いた後、水を加えて絞って糖汁を作り、伝統の酵母、パン酵母、ヨーグルト酵母など適当な酵母を加えて3日間発酵するとアルコール度数7度ほどの原酒になります。これを蒸留してアルコール度数50度ほどにしたのち、数カ月から数年間寝かせると完成です。

●リュウゼツランの茎を落とした根

## 焼酎

日本酒を蒸留したのが焼酎であると言われますが、それほど単純ではありません。それでは麦焼酎や芋焼酎はどうやって作るのでしょう。

### ❶製法

焼酎には、醪に一次醪と二次醪の2種類があります。どの焼酎でも、一次醪は全て同じで、蒸した米と米麹で作ります。違いは二次醪にあります。

一次醪に麦や芋などの主原料と水を加え、8～10日間発酵させて二次醪を作ります。このとき投入した主原料が焼酎の冠表示になります。麦を使ったら「麦焼酎」、サツマイモを使ったら「芋焼酎」というわけです。ですから、原理的には穀物の種類、果実の種類と同じだけの種類の焼酎ができることになります。このようにして作った二次醪を絞って蒸留した物が焼酎となります。

### ❷種類

焼酎には甲類と乙類があります。

・**甲類**

二次醪を複式蒸留(精密蒸留)したもので、原理的にはアルコール度数100%まで可能ですが、それに水を加えて薄めて36度以下にしたものです。基本的にエタノールの水割りで特別の味は無いので、梅酒などのリキュールに用います。

・**乙類**

単式蒸留したものなので、原料の風味が残ります。アルコール度数は45度以下と定められています。

・**泡盛**

沖縄固有の蒸留酒です。主原料は米であり蒸留法は単式ですから基本は乙類焼酎ですが、酵母が泡盛特有のものです。できた後、長期間寝かせますが、戦前は100年物もあったそうですが、戦争で無くなってしまったといいます。

# 発酵調味料

調味料には発酵を利用したものが多く、長い時間をかけて世界中にいろいろな調味料が発達してきたことがよくわかります。人類の舌は発酵微生物によって鍛えられてきたと言ってよいのかもしれません。

## 味噌・醤油

味噌と醤油(穀醤・魚醤)は日本料理の味を決める調味料として欠かせないものですが、いずれも大豆、魚、麹などを使って発酵させて作ります。味噌の場合、発酵中にメーラード反応が進行し、発酵期間によって色が違ってきます。

短いと白味噌、長いと赤味噌になります。信州味噌や京味噌は白く、仙台味噌や名古屋の八丁味噌は赤系統です。仙台味噌は3年以上寝かせるといいますが、塩を多めに使うので腐敗しにくいことで知られています。秀吉の朝鮮征伐に従軍した各藩が固有の味噌を持って参戦しましたが、腐敗しなかったのは仙台味噌だけだったという話も伝わっています。

## 豆板醤（トウバンジャン）

中国の調味料でソラマメ、大豆、米、大豆油、ごま油、塩、唐辛子などを混ぜて発酵させて作ります。辛みが特徴で麻婆豆腐や坦々麺などに欠かせません。甜麺醤（テンメンジャン）や朝鮮半島のコチュジャンも味噌の一種と考えて良いでしょう。

●味噌

## 甜麺醤（テンメンジャン）

中華料理の調味料の一種で中華甘みそとも呼ばれます。小麦粉と塩を混ぜ特殊な麹を加えて醸造された、黒または赤褐色の味噌です。

生のまま食べることもできますし、火を通すことにより強い香りが出るので回鍋肉、北京ダック、麻婆豆腐、春餅などの味付け、隠し味などにも使われます。

伝統的な製法は、小麦粉で作った麺状の生地を蒸した物に種麹を接種し醸造する天然醸造法と、小麦粉にパン酵母や酒母を加えてできた蒸しパン状の生地に種麹を接種して醸造する保温発酵法があります。

## オイスターソース

生牡蠣を塩漬けにすることで発酵熟成してできる調味料です。市販品は生牡蠣を煮て煮汁をとり、それに砂糖、塩、でん粉、酸味料等を加えて調味したものです。独特の風味とアミノ酸、核酸のうま味、コク味を持ち、広東料理をはじめとする中華料理の炒め物、煮込み料理などに用いられます。

精進料理が普及している台湾では、カキの代わりにシイタケを用いて製造した、精進オイスターソースもあります。

## ウスターソース

ウスターソースはイギリスで開発されたソースです。主原料は、モルトビネガーに漬け込んで発酵させたタマネギとニンニクの他、アンチョビ、タマリンドや多種のスパイスが使われています。

日本のウスターソースではアンチョビは使用されず、香辛料も辛味を抑えマイルドに仕上げられているものが多いですが、一部には魚醤が使われている物もあり、その他魚介系原料がブレンドされているものもあります。

イギリスでは、シチューやスープなどに数滴落として風味をつけるなど、料理の隠し味として使用されることが多いですが、日本では揚げ物、お好み焼き、キャベツの千切りなどにたっぷりとかけるなど、醤油と同じ使われ方をすることが多いようです。

かつてはカレーライスにかける卓上調味料として定番であったほか、白飯にかけてソースライスとして食べる例もみられました。その名残は今もソースカツ丼などに残っているようです。

## タバスコ

アメリカで1865年に完成された辛い調味料です。原料は辛い唐辛子を丸ごとすりつぶした物に塩を加えて樽に詰め、蓋をしたのち、塩をかぶせて放置します。発酵が進むと水分が滲み出て塩が固まって蓋が密閉されます。

3年間熟成した後、蓋を開けて酢を加

●唐辛子

えて辛さを調節し、さらに1カ月ほど熟成させて完成となります。

## 水飴

液体の飴です。そのまま舐めたり、お湯で割って飲んだりします。煮物などに甘味料として加えると、甘みと同時に料理に艶がでます。作り方は、大麦を発芽させて麦もやしを作り、乾燥させて粉末にします。もち米で作ったおかゆに乾燥麦芽を加え、漉した液を煮詰めて作ります。素朴な風味と甘さがあります。

SECTION 15

# 再発酵製品

発酵製品の中には、発酵を1回だけでなく、2回繰り返したものもあります。先に見た、シャンパンがその良い例です。調味料にも2回の発酵を繰り返したものがあります。

## 再仕込み醤油

「甘露醤油」とも呼ばれ、風味、色ともに濃厚な醤油です。再仕込みと呼ばれるのは、この醤油の仕込み工程で、塩水のかわりに醤油を用いるからです。つまり、一度作った醤油を再度醤油にするという意味です。

味は淡泊ですが甘味が強いのが特徴です。茶碗蒸しや吸い物、うどんのつゆ、煮物などに用いられます。原料は大豆が少なく、あるいは全く使わず、小麦が用いられます。

## 味醂（みりん）

味醂は料理に甘さを加える調味料として日本料理に欠かせません。甘味のある黄色の液体であり、40〜50％の糖分と、14％程度のアルコール分を含有します。つまり、アルコール分は日本酒と同程度です。

作り方は、蒸したもち米に米麹を混ぜ、焼酎または醸造用アルコールを加えて、60日間ほど室温近辺で発酵した後、圧搾、濾過して造ります。この間に麹菌の酵素アミラーゼの作用によって、もち米のデンプンが糖化されてブドウ糖になり、その分、甘みが強くなります。

しかし、発酵開始時からすでに約14％程度のアルコール分があるので、酵母菌によるアルコール発酵は抑えられます。その結果、ブドウ糖は消費されず、日本酒よりも甘くなるのです。

平安時代には貴族の飲み物とされ、江戸時代にも飲み物としても用いられたといいますが、現代ではもっぱら料理用として用いられています。味醂は煮物や麺つゆ、蒲焼のタレや照り焼きのつや出しに使います。アルコール分が魚等の生臭さを抑え、食材に味が浸透する助けをし、素材の煮崩れを防ぎます。また白酒や屠蘇酒の材料としても使われます。

## 酢

酢は調味料のうち、最も歴史のあるものです。一般にスッパイものとして、酢の他にレモン、梅干しがあり、また、ワインの酸味があります。

### ❶酸味の原因

一口に酸味と言いますが、これらの酸味の素は全て異なるのであり、酢は酢酸、レモン、梅干しはクエン酸、ワインは酒石酸による酸味です。したがって、味わえばそれぞれの酸味には違いがあるはずです。酢には3～4％程度の酢酸が含まれます。

### ❷醸造法

酢の原料はいろいろありますが、基本はエタノールを酢酸菌によって酢酸発酵するというものです。その意味では再発酵食品と言って良いのかもしれません。伝統的な酢である米酢の場合、まずは米と麹と酵母からお酒を造ります。次にこのお酒に酢酸菌を加えて酢酸発酵をさせるのです。

### ❸ 種類

酢にはいろいろの種類がありますが、日本で主に使われているのは米酢と穀物酢です。

#### ・米酢

米酢はその名のとおり米からできたお酢です。クエン酸が豊富に入っており、米の甘み、コクがあるので和食との相性が良いです。とくに酢飯としてよく使われます。

#### ・穀物酢

穀物酢は原料として米以外に小麦、とうもろこしなどの穀物を用いた酢です。一般的な酢として幅広く用いられます。

・黒酢

黒酢は米酢を熟成させたものです。黒酢の特徴はアミノ酸が豊富であることです。そのため消化の必要がなく直接エネルギーとなるので、疲労回復効果が期待できます。味は香りが強くなめらかなので、中華・魚介料理・飲み物にも向きます。

・赤酢

赤酢は粕酢とも呼ばれ、酒粕を原料とした酢であり、その色から赤酢とも呼ばれます。かつては握り寿司の酢飯の材料として一般的でしたが、その後、なくなりました。

・バルサミコ酢

原料がブドウの濃縮果汁であることと、長期にわたる樽熟成が特徴です。色はほぼ黒色で、独特の芳香があり、オリーブ・オイルとともにサラダにかけるなどイタリア料理の味つけや香り付け、隠し味に使われます。ほかの食酢にはない甘味があるため、デザートの味付けやトッピングに使われることもあります。

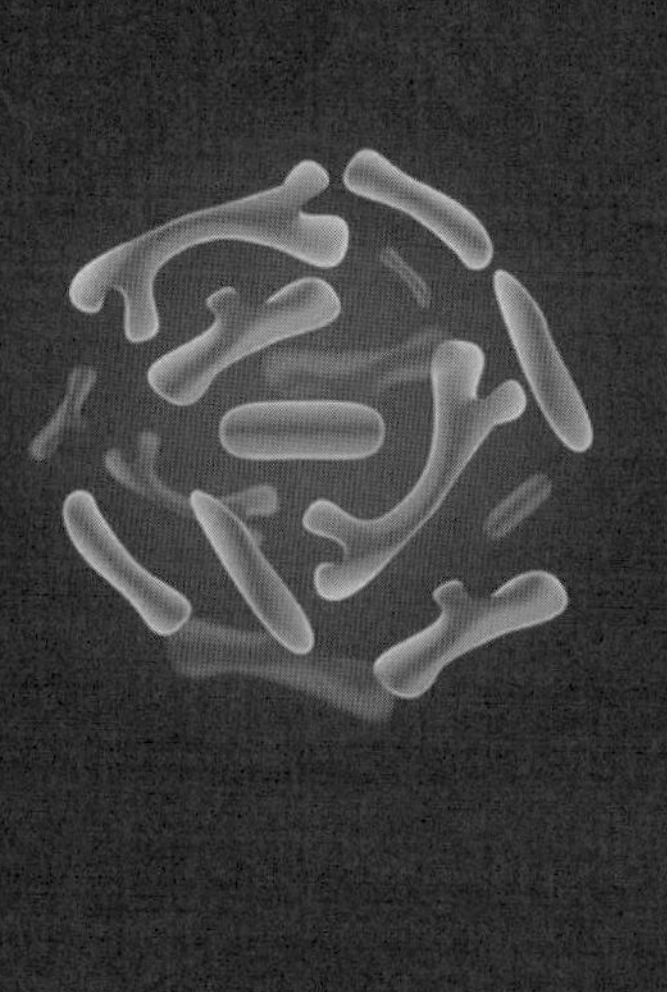

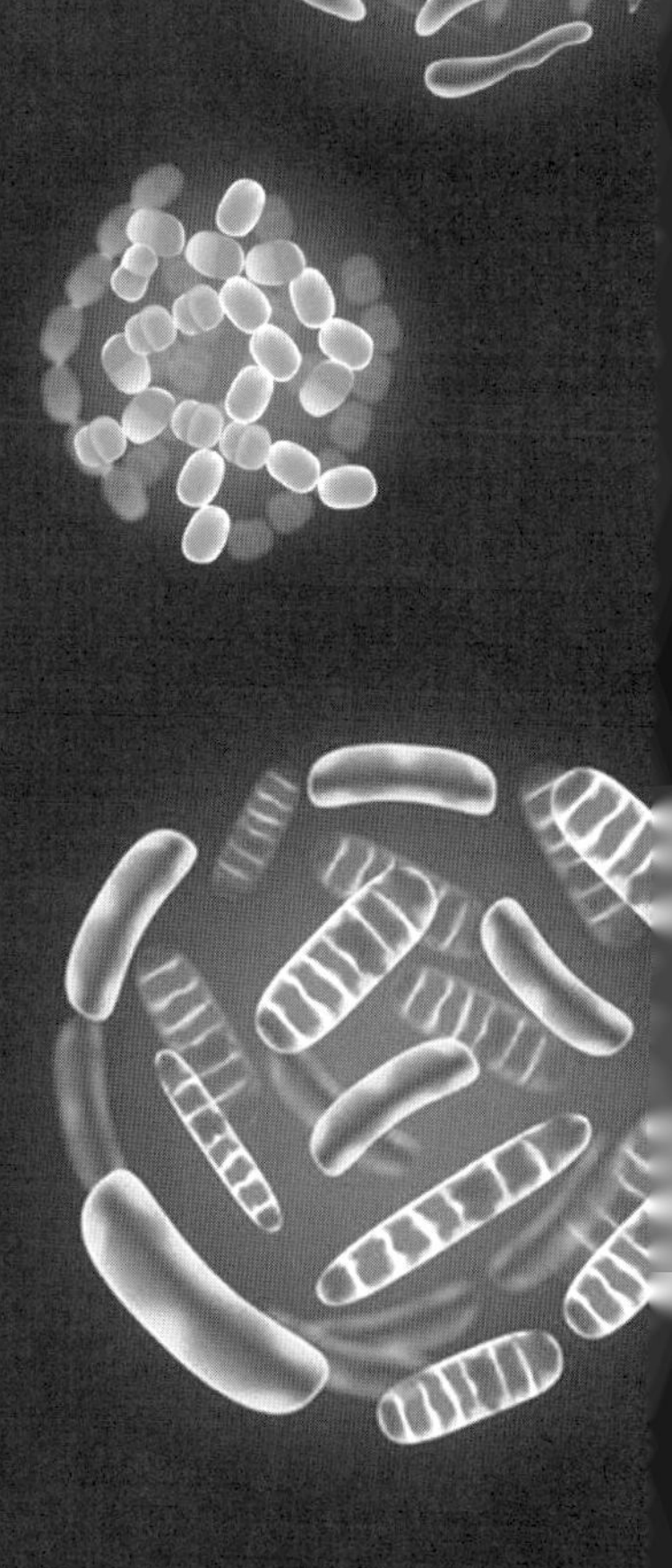

# Chapter. 4
# 酪農と菌

# タンパク質の構造

植物を栽培してその生成物、つまり、植物体、花、果実を利用する仕事を農業といいます。海洋や河川で天然の魚介類を捕らえる、あるいは魚介類を人工的に養殖する仕事を漁業といいます。同じように哺乳類や鳥類などの動物を捕らえる、あるいは飼育する仕事を酪農といいます。

しかし、農業、漁業は生物の繁殖、飼育という一次産品に重点を置いているのに対して、酪農という場合には、一次産品に手を加えた二次産品の重点が大きくなっているようです。つまり、発酵、熟成という、酵素、微生物の活躍の場が広がっているようです。

## タンパク質の平面構造

哺乳類や鳥類などの動物の体を作っているのは筋肉と骨格です。骨格は硬すぎて食用にはならないので、食用になるのは筋肉部分です。筋肉部分を作るのはタンパク質です。それではタンパク質はどのようにしてできているのでしょうか？

## ❶アミノ酸

タンパク質は天然高分子の一種です。つまり簡単な構造の単位分子がたくさん結合した紐状の分子です。同じ天然高分子でも、デンプンの単位分子はブドウ糖ただ一種でした。

タンパク質を作る単位分子はアミノ酸です。アミノ酸の種類は数えきれないほどたくさんあります。しかし、人間のタンパク質に使われるアミノ酸の種類は丁度20種類に限られます。他の動物もほぼ同じです。この20種類のアミノ酸が適当な個数、適当な順序で並んだ物がタンパク質なのです。ですからタンパク質の性質を理解するにはアミノ酸の構造と性質を理解する必要があります。

アミノ酸は、1個の炭素Cに適当な原子団（置換基）R、水素H、アミノ基$NH_2$、カルボキシ基COOHが結合した分子です。このように互いに異なる4個の置換基が結合した炭素は一般に不斉炭素と呼ばれ、光学異性体を作ることが知られています。

## ❷光学異性体

光学異性体というのは図でD体、L体として示したように、4個の置換基の立体関係が右手と左手の関係のように互いに鏡像関係にあるものを言います。このように分子の立体関係が異なる物を互いに立体異性体と言います。

光学異性体は互いに異なる化合物ですが、2つの異性体は特殊な関係にあります。というのは、「①化学的性質」は全く等しいという特徴があります。ただし「②光学的性質」と「③生理的な性質」は全く異なるということです。

実験室でアミノ酸を合成すると一組の光学異性体、D体とL体の1：1混合物であるラセミ体ができます。そして、この両者を化学的に分離することはほとんど不可能です。

●光学異性体

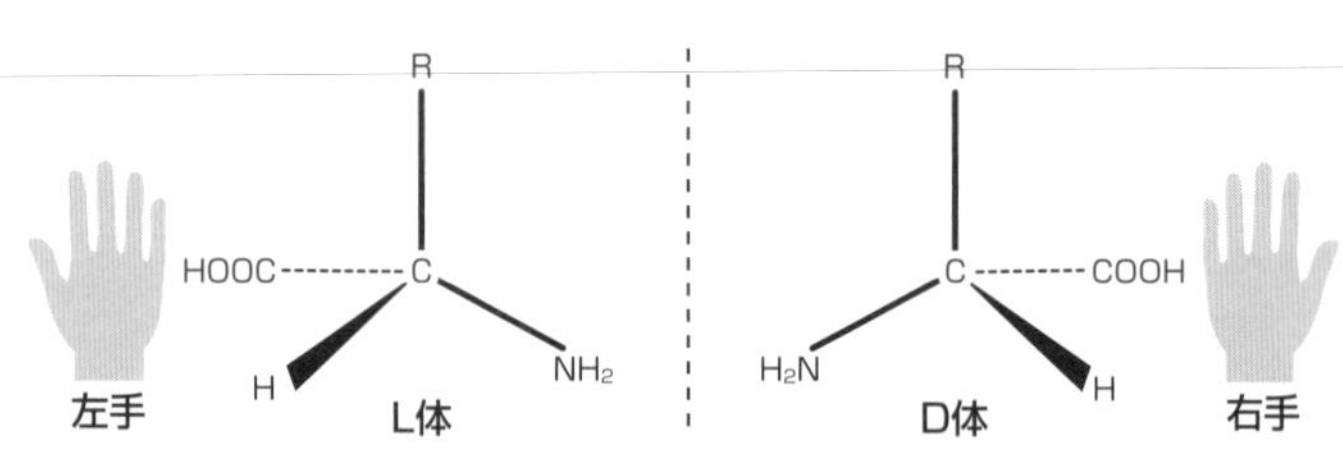

しかし自然界に存在するアミノ酸は、植物でも動物でも菌類でも、ほとんど全てがL体なのです。その理由は誰にもわかりません。

## ❸うま味調味料

うま味調味料はグルタミン酸というアミノ酸にナトリウムNaが結合したグルタミン酸ナトリウムです。ですからD体とL体があります。当初は天然物のコンブから抽出していました。ですから100％L体です。しかしそれでは需要に追い付かないので、化学合成に切り替えました。この方法でできるL体は50％です。つまり、100gのうま味調味料の内、味があるのは半分の50gだけで、あとの50gに味は無かったのです。

しかし、現在のうま味調味料はサトウキビの搾りかすから微生物の発酵によって作っています。つまり天然の方法で作っているのです。したがって100％L体であり、全てがうま味の素になっているのです。発酵には、このような工業的な利点があります。

## ❹アミノ酸の結合

タンパク質の構造は単純なようで複雑です。単純なのはアミノ酸の結合順序であり、複雑なのは立体構造です。

アミノ酸はそのアミノ基$NH_2$とカルボキシ基COOHを用いて図のように、結合することができます。この反応は次々と連続して、たくさんのアミノ酸が結合して連結することができます。たくさんのアミノ酸が結合してできたアミノ酸の高分子をポリペプチドと言います。ポリペプチドはタンパク質の母体のような物で、ここでは20種類のアミノ酸の結合順序が非常に大切であり、これを特にタンパク質の一次構造、あるいは平面構造といいます。

●タンパク質の平面構造

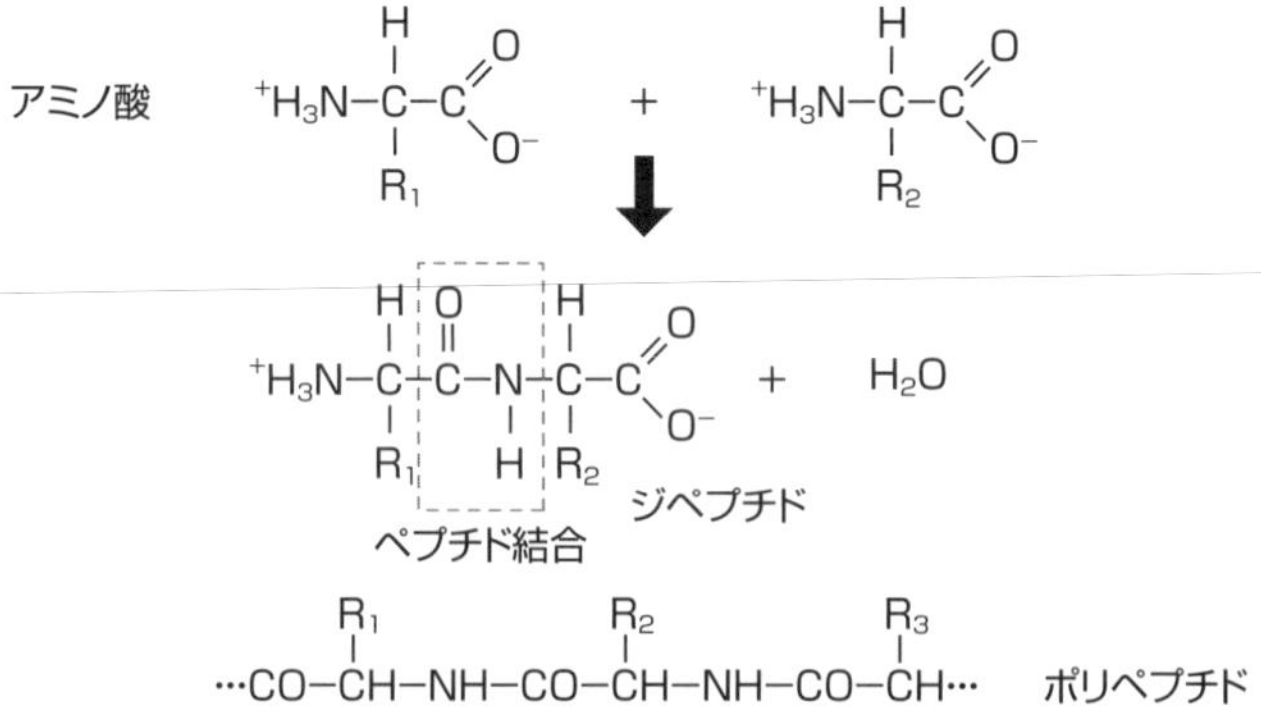

アミノ酸　$^{+}H_3N-CH(R_1)-C(=O)O^-$　＋　$^{+}H_3N-CH(R_2)-C(=O)O^-$

↓

$^{+}H_3N-CH(R_1)-C(=O)-NH-CH(R_2)-C(=O)O^-$　＋　$H_2O$

ペプチド結合　ジペプチド

$\cdots CO-CH(R_1)-NH-CO-CH(R_2)-NH-CO-CH(R_3)\cdots$　ポリペプチド

## タンパク質の立体構造

　ポリペプチドはタンパク質のための必要条件に過ぎません。すなわち、「ポリペプチド＝タンパク質」ではないのです。ポリペプチドの中の限られたエリートだけがタンパク質と呼ばれることができるのです。

　そのための条件は立体構造です。タンパク質ではその立体構造が非常に重要な役割を演じます。タンパク質の立体構造は複雑です。この立体構造は、αヘリックスとβシートという2種類の単位立体構造の組み合わせでできています。αヘリックスはラセン構造で

●タンパク質の単位立体構造

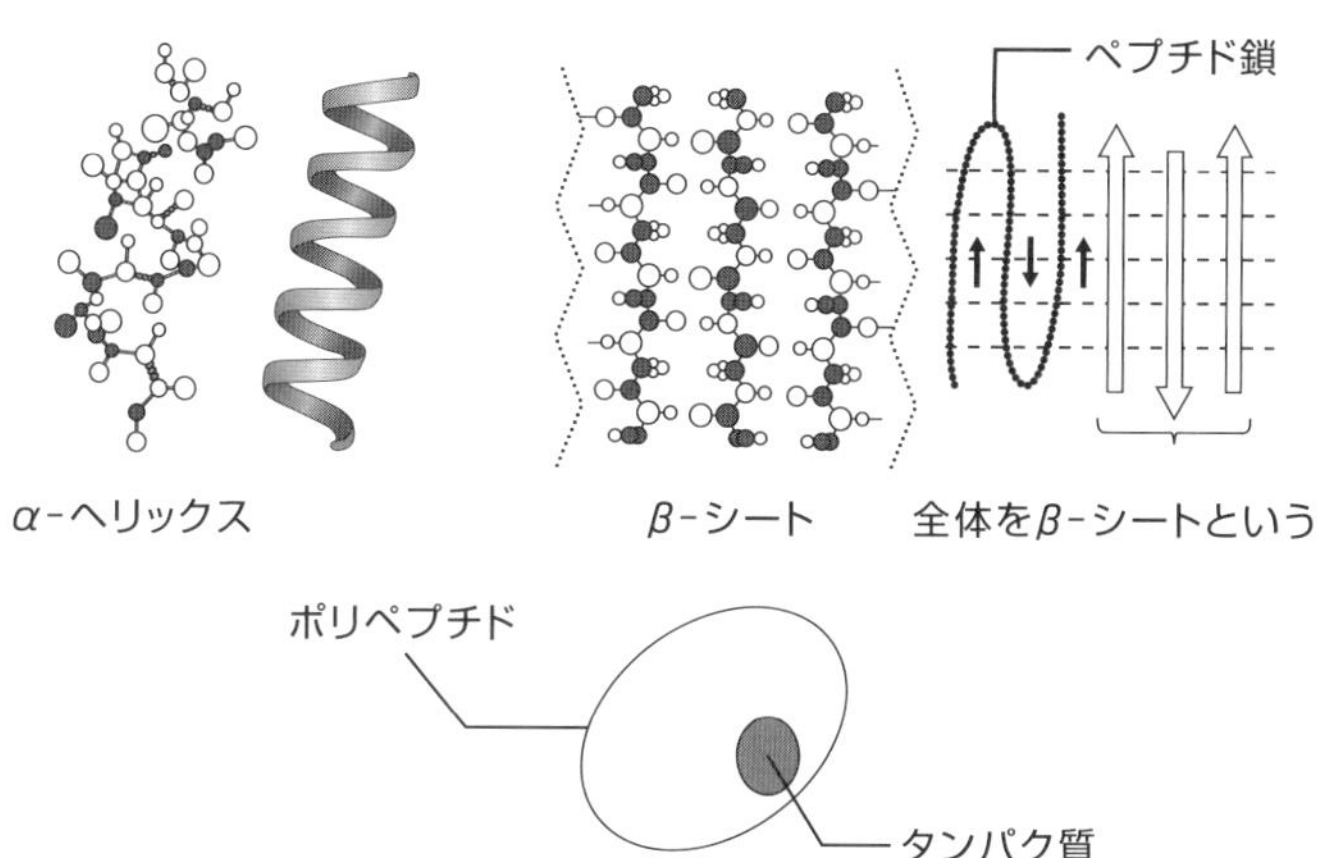

あり、βシートはポリペプチドの部分鎖が縦に並んだ部分であり平面状になっています。このようにタンパク質全体の立体構造は、いくつかのαヘリックス構造とβシート構造が連結することによってできています。

## 立体構造の間違い

1993年、イギリスで狂牛病という新しい病気が発見され大きな社会問題となりました。狂牛病に罹った牛は脳がスポンジ状になり、死んでしまいます。そしてこの牛を食べた人間、特に脳や骨髄を食べた人も同じ病気に罹って亡くなるというのです。

原因は牛のタンパク質の立体構造が狂ったことでした。牛にはプリオンタンパク質という、タンパク質があります。このタンパク質の立体構造があるとき突然狂います。その理由は不明です。するとこの狂った構造が他のプリオンタンパク質に伝播し、これが病原になるというのです。狂ったのは立体構造だけであり、アミノ酸の結合順序であるタンパク質の平面構造に問題はなかったと言います。

幸い、各国の協同した防疫体制によって狂牛病は収束しましたが、タンパク質の立

体構造がいかに大切かを思い知らされた事件でした

## 筋肉の構造

食用のタンパク質という場合には動物の筋肉を指すことが多いようです。もちろん、筋肉を構成する主成分はタンパク質です。しかし、筋肉の構造は複雑であり、図に示したようにタンパク質の一種であるコラーゲンでできた袋の中に、長い線維状の筋原線維タンパク質と粒状の筋形質タンパク質が詰まった物なのです。

●筋肉の構造

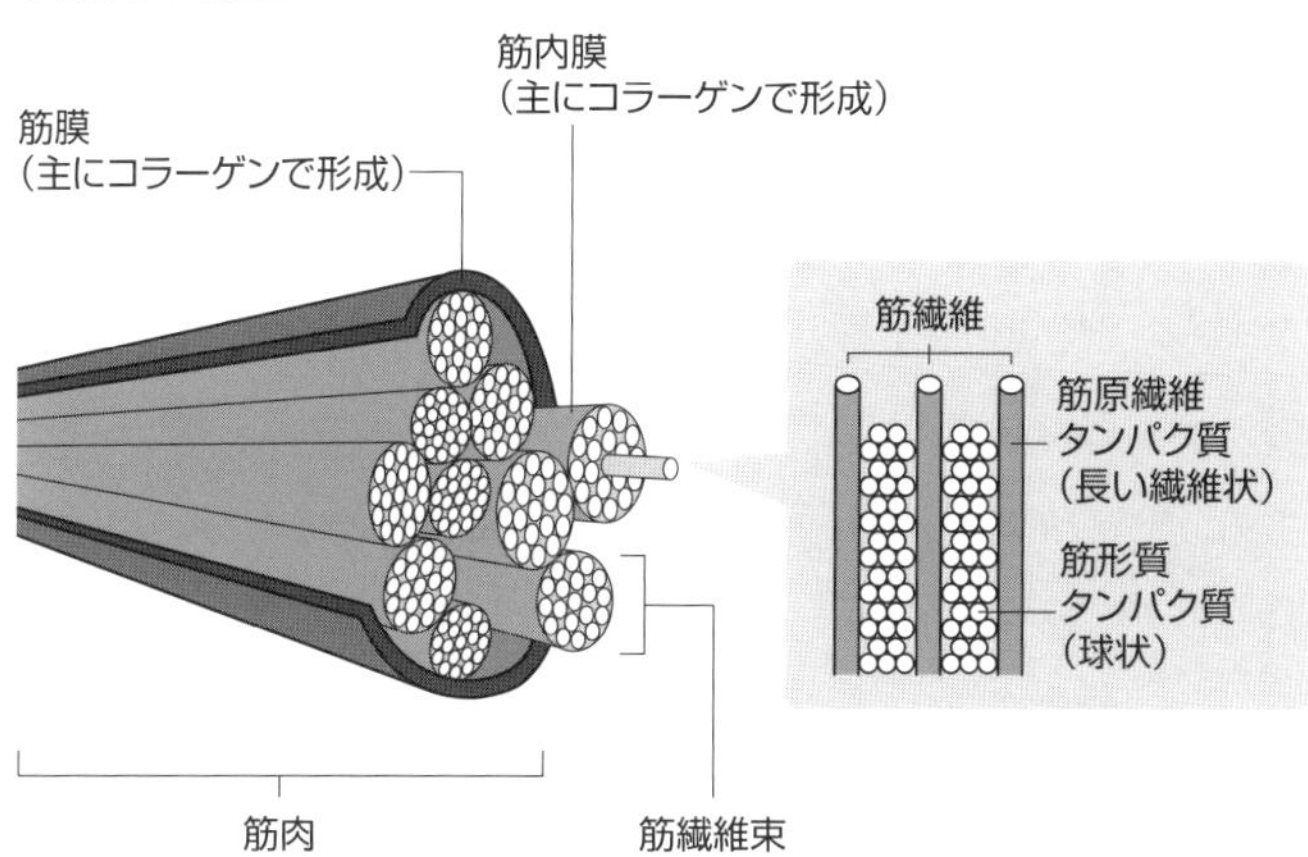

# 油脂の構造

動物が持っている主な栄養素はタンパク質と油脂です。油脂はエネルギー源であると同時に細胞膜の原料であり、生物に欠かせないものです。

## 油脂

食品に含まれる油脂は、常温で固体の物を脂肪、液体の物を脂肪油といいます。一般に哺乳類の油脂は個体であり、魚介類や植物の油脂は液体です。

油脂は1分子のグリセリンというアルコールと3分子の脂肪酸が結合したものです。この結合はアルコールのヒドロキシ基OHと脂肪酸のカルボキシ基が脱水縮合したものであり。このような結合を一般にエステル結合と言います。エステル結合は胃で簡単に分解されますから、どのような油脂を食べようと、胃の中ではグリセリンと脂肪酸になります。グリセリンは分子の固有名であり、松坂牛から来ようと、イワシから来ようと全く同じ分子です。油脂の種類によって異なるのは脂肪酸の部分だけです。

## 脂肪酸

脂肪酸にはたくさんの種類があります。鯛の油脂、牛肉、豚、大豆、菜種の油脂など、油脂の種類による違いはこの脂肪酸の組み合わせによって生じるものです。脂肪酸の内、炭素数が5～12個の物を中級脂肪酸、それより少ない物を低級脂肪酸、多い物を高級脂肪酸と呼びます。

### ❶飽和脂肪酸と不飽和脂肪酸

油脂の性質に大きく影響するのは脂肪酸の構造です。とくに脂肪酸の炭水素だけでできたアルキル基部分が一重結合(飽和結合)だけでできた飽和脂肪酸か、二重結合、三重結合などの不飽和結合を含む不飽和脂肪酸かによって油脂の性質は大きく影響されます。

哺乳類などの固体脂肪の脂肪酸は飽和脂肪酸であり、魚類、植物の液体油脂の脂肪酸は不飽和脂肪酸からできています。この二重結合の位置が問題であり、アルキル基の端から3番目（ω-3位）の単組に二重結合がついているω-3脂肪酸が健康や頭脳に良いという都市伝説が起こっているのはご存知の通りです。EPAとかDHAとか言われる脂肪酸は皆ω-3脂肪酸です。

## ❷トランス脂肪酸

したがって液体油脂に水素を反応させて不飽和結合を飽和結合にすれば、サラダ油の様な液体をラード（豚脂）やヘット（牛脂）のような固体に換えることができます。このようなことによって工業的に作られた油脂がマーガリンやショートニングと呼ばれる固形油脂になります。ところが、硬化油の中には、全ての二重結合が一重結合に変化したのではなく、1個の二重結合がそのまま残っている物があることがわかりました。そしてこの場合には困ったことが起こることがわかったのです。というのは、二重結合の立体構造に関したことです。

脂肪酸の二重結合には2個の炭素Cと2個の水素Hが結合しています。この場合、

2個のHが二重結合の同じ側に結合したシス型と、反対側に結合したトランス型の、二種の可能性が生じます。その違いは図に示しましたが、片方は分子の形が真っ直ぐなのに、もう片方は曲がる、というように大きく異なります。

自然界にはこのような場合、シス型しか存在しません。ところが、硬化油の場合にはトランス型になってしまうのです。そして世界保健機構WHOは、トランス脂肪酸は健康に有害であると認めたのです。これが現在話題になっているトランス脂肪酸の問題です。

**●トランス脂肪酸**

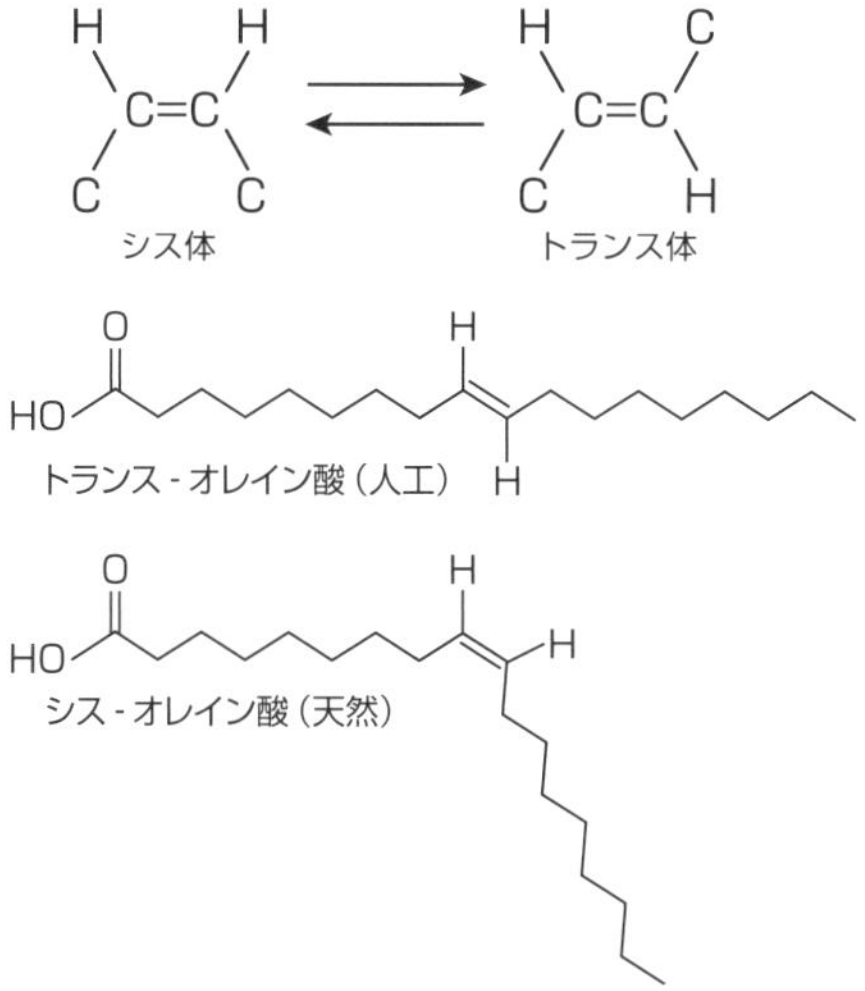

シス体　⇄　トランス体

トランス - オレイン酸（人工）

シス - オレイン酸（天然）

SECTION 18

# 肉類の発酵と製品

貯蔵用を兼ねた肉の製品と言えば、まず頭にうかぶのはハム、ソーセージ、ベーコンです。

## ハム

肉製品としてハムの需要は大変に高いものがあります。ハムにはロースハム、ボンレスハム、生ハム、中国ハム、プレスハム、魚肉ハムなど多くの種類があります。これらのうち、発酵、熟成が問題になるのは主に生ハムと中国ハムですが、普通に見かけるロースハム、ボンレスハムなども重要ですから、まず、このようなハムから見ていくことにしましょう。

ハムは基本的に豚のもも肉から作ります。豚の脚を骨が着いたままハムに仕上げた物が「骨付きハム」、骨を抜いてもも肉だけを用いたのが「ボンレスハム」となります。そのほか、豚の背肉を使った「ロースハム」、肩肉を使った「ショルダーハム」、バラ肉を巻いて造った「ベリーハム」などがあります。

プレスハムというのは豚肉に馬肉、羊肉などの獣肉、それに大豆タンパク等の副原料を加えて成形調味したもので、日本独特のものです。簡単に言えば混じり物が一杯のハムであり、ソーセージの変形ということもできそうです。魚肉ハムは、いうまでもなく本物のハムとは言えないもので、かまぼこと同様に、日本独自の食品ということになるでしょう。

## 普通のハムの製法

欧米でつくる、骨付き、ボンレス、ロースハム、ショルダーハムなど、普通のハムの製造法は次のようになります。

① 豚肉の肉塊を整形し、塩または塩水に漬けて、血絞りをし、血を除きます。

② 肉に塩を加えると細胞内の水分が外に出ると同時に塩が細胞内に入り、腐敗菌やカ

ビの繁殖を抑えます。また、肉の筋組織も塩を吸収することによってコラーゲンからなるタンパク質維維がほぐれ、柔らかくなります。次に、発色剤である亜硝酸ナトリウム$NaNO_3$を加えます。

③この段階で適当な期間熟成したあと、燻煙します。燻煙法には熱い煙で燻す高温法と、冷ました煙で燻す低温法の二種があります。

④燻煙が終わった後に、湯で煮て完成となります。

このように、このハムの製造工程には発酵の工程が入っていません。

## 生ハムの製法

これに対して生ハムは、燻製はしますが煮るなどの加熱はおこないません。「生」ハムという名前の由来は、「加熱していない」ということにあります。

生ハムとしては、イタリアのプロシュートとスペインのハモンセラーノが有名ですが、ハモンセラーノを例にとって作り方を見てみましょう。

①屠殺した後、脚の骨下約５㎝のところを切断し、マッサージをして血抜きを行います。

②次に肉に塩漬けをします。大切なのは塩漬けをする期間です。一般的には重量１㎏あたり１日の割合で塩漬けを行いますが、この期間は生ハム職人たちの裁量によって調整されます。

③その後、塩を水で洗い流し、温度と湿度を一定に調節した熟成庫に移動させ、発酵と熟成を進めます。熟成中は生ハムの水分が抜けていき、脂肪がゆっくりしたたり落ちます。熟成庫の温度は約６カ月かけて、非常に低い温度から徐々に温度を上げていきます。

●生ハム

④表面にオリーブオイルなど塗り、長期間の熟成に入ります。熟成期間が長ければ長いほど品質が良くなります。通常は2年程度ですが、長い物では5年も熟成させるものもあるそうです。

## 中国ハムの製法

生ハムは、中国のフオトェイ（火腿、中国ハム、金華ハム）も有名です。豚の骨付きも肉を塩漬けし、乾燥させたものですが、カツオ節のように表面にカビを生やして発酵させながら熟成するのが特徴です。塩味が強いので生食に用いることはほとんどなく、主に鶏肉などと合わせて出汁を取るのに使うか、あるいは魚や白菜などの野菜と共に蒸して、味付けに使います。

## ソーセージ

食肉製品としてハムと並んで一般的なのがソーセージです。ハムと同じように、ソーセージにも発酵する物としない物があります。

## ❶ 普通のソーセージの製法

ハムが塊の肉を用いるのに対してソーセージはミンチに掛けて細かくした肉を用います。つまり、細切れのような、くず肉の利用に適した食品と言えます。これに、塩に亜硝酸ナトリウムを混ぜた塩漬剤を混ぜ、2~5度の冷蔵庫で、2日から1週間程度熟成させます。漬け込みが終わった肉に、香辛料や調味料を加えてよく混ぜ、羊腸や豚腸などに詰めて好みの長さに捻っていきます。腸詰めが終わったソーセージは、燻煙する場合もありますし、しない場合もあります。燻製をする場合には、桜や樫などのチップなどのスモークを用いて行います。スモーク後、蒸気やボイルによって加熱を行って完成です。

## ❷ 発酵ソーセージの製法

日本でおなじみのソーセージは発酵しない物が多いですが、ソーセージの種類には発酵過程を含むものもあります。ふつうのソーセージと違うところは、ミンチにした原料肉を冷暗所で保管して自然発酵させることです。しかし現在では多くの場合、乳酸菌などのスターターとしての微生物を人為的に加えて発酵させます。

発酵ソーセージは、熟成期間の長い「ドライソーセージ」と、比較的短い「セミドライソーセージ」に大別されます。サラミソーセージに代表されるドライソーセージは、12〜14週間の製造期間を経て、水分含量20〜30%程度となります。それに対してセミドライソーセージは、1〜4週間の製造期間で、水分含量30〜40%程度となります。

日本で一般的な発酵ソーセージはサラミソーセージくらいですが、ヨーロッパでは多くの種類のドライソーセージがあります。スペインでは白カビで覆われた乳酸発酵のソーセージ「フエッ」が有名です。カマンベールチーズなどと同様に周りの白カビは、食べても大丈夫です。同じような物で、フエッより細くて、二つ折りになったものに「セカヨナ」もあります。

## 各国の肉製品

肉を発酵した食品は、世界的にハムとソーセージがメインであり、各国にある発酵肉食品の多くも発酵ソーセージの変形ということになります。

タイ北部には伝統的な発酵ソーセージである「ネーム」があります。その製法は、新鮮な豚肉に食塩、ニンニク、唐辛子、糯米飯を入れ、常温で数日間発酵させます。この結果、乳酸発酵が起こり、pHが低下して酸性となり、微生物の増殖が抑制されます。完成したネームは適度に酸味があります。食べる時には、普通は加熱しますが、生食することもあるそうです。

ベトナムのハノイなどでは「ネムチュア」という発酵ソーセージが出回っています。「ネム」は日本の「春巻き」などを意味し、「チュア」は「酸っぱい」という意味です。名前の通り、「酸っぱい豚肉の発酵ソーセージスティック」です。細くて小さいソーセージが一本ずつバナナの葉につつまれています。柿の葉寿司や笹寿司の感じです。材料は豚ひき肉、豚の皮の千切り、唐辛子、ニンニク、その他調味料です。この肉は、生肉を発酵したもので加熱処理はしていません。

日本で馴れずしといえば、ご飯以外の原料はフナやハタハタ、鮭等の魚だけで、肉を使った馴れずしは日本には存在しません。日本には仏教などの影響で牛や豚などの獣肉を食べる風習が無かったことに起因するものでしょう。

SECTION 19

# 乳類の発酵製品

牛乳、水牛乳、羊乳などの獣乳は、そのまま飲むこともありますが、加工して他の製品に代えて食べることも多くあります。そのような加工品の多くは微生物の力を借りて作ったものです。

## 乳類の成分と構造

牛乳は優れた食品ですが、その成分は水分が約88%、固形分が12%ほどです。固形分は、乳タンパクが3%、乳糖が5%、ビタミン、ミネラルが1%となっています。人乳と馬乳は糖分が約7%と他の乳より多くなっています。モンゴルなどで馬乳からお酒(馬乳酒)を作るのは、このように糖分が高いので必然的にブドウ糖も多くなり、アルコール発酵に向いているという理由もあるのかもしれません。

## ヨーグルト

牛乳を発酵させた食品として、日本で最も一般的な物はヨーグルトでしょう。ヨーグルトに使う原乳は牛乳が一般的ですが、その他にも水牛、馬、羊、ヤギ、ラクダ等いろいろの動物の乳が使われます。ヨーグルトの歴史は大変に長く、その発生はおよそ7000年前とされています。発見のきっかけは、生乳を入れておいた容器に、天然に存在する乳酸菌がたまたま偶然に入り込んだことであろうと推定されています。

### ❶歴史

ヨーグルトが日本に伝えられたのは仏教の伝来と同時であろうと考えられます。そのため、最初は仏教寺院の中で利用され、名前も「酪（らく）」と言われていたようです。しかし、一部の貴族や特権階級の食べ物であり、庶民階級に広がることはなかったようです。

ヨーグルトは今でこそ世界的に知れ渡った食品ですが、世界的に普及したのは決して古い話ではありません。つい最近の100年ほどのことです。そもそも乳酸菌を世界で初めて本格的に調べたのは微生物学の始祖と言われる、フランス人のルイ・パス

ツールでした。彼は1857年に、酸っぱくなった牛乳を顕微鏡で調べた結果、乳の中に微生物が存在することを発見し、それを乳酸酵母と命名したのが乳酸菌の発見とされています。その後、1900年代の初めにロシア生まれのノーベル賞生物学者メチニコフが、「ブルガリアに長寿者が多いのは、人々が毎日ヨーグルトをとることで乳酸菌が腸内に住みつき、腸内腐敗菌の増殖を抑えるから」だと考え、人々にヨーグルトを食べることを進めたといわれています。

さらにブルガリア人の医学者、グリゴロフが1905年、ヨーグルトの乳酸菌を分離し、伝統的なブルガリアヨーグルトがブルガリア菌とサーモフィラス菌の2つの菌種で作られたものであることを発見しました。これが、今も変わらないヨーグルトの二大種菌となっています。日本でヨーグルトが工業生産され、一般に普及したのは太平洋戦争後であり、1950年ころのこととされています。

## ❷ヨーグルトの作り方と種類

ヨーグルトの基本的な作り方は簡単です。一度牛乳を沸騰させて雑菌を高熱殺菌し、その後30度から45度程度に冷します。ここに種菌または種となるヨーグルトを少量混ぜ、その後、発酵を持続させるため、30度から45度で一晩置きます。種菌によって乳酸発酵が進行すると、増殖した乳酸菌が多量の乳酸を生産するため乳が酸性となり、乳が固化します。この固化した部分がヨーグルトです。その上に透明な上澄み液ができますが、これは乳清、ホエーと言い、飲み物としたり、料理に使ったりします。

工業的にヨーグルトを作る方法には前発酵法と後発酵法があります。前発酵法は大量の牛乳を大型のタンクで発酵させ、できたヨーグルトを販売用の小型容器に小分けします。それに対して後発酵法は牛乳を小型の容器に分け入れた後に発酵させます。

でき上がった製品を分類すると、生乳や脱脂粉乳などの乳製品のみを用いたプレーンヨーグルトやソフトヨーグルトあるいはドリンクヨーグルトとハードヨーグルトに分類されます。プレーンヨーグルトは前発酵法で造ったままのヨーグルトであり、ソフトヨーグルトは前発酵法で発酵させた後に固体部分を破砕、撹拌して半流動性を持たせたものです。ドリンクヨーグルトは前発酵のヨーグルトを細かく砕いて液状にしたものです。一方ハードヨーグルトは後発酵法で作り、小容器の中に果肉などを入れて発酵させたものもあります。その他に動物乳を使わず、大豆の豆乳を原料としたヨーグルトもあります。

## クリーム、バター、チーズ

畜乳を発酵させた製品には、ヨーグルトのように乳全体を発酵させたものの他に、乳の特定成分だけを分けとった後に、個別に発酵させたものもあります。個別に分けとったものとしては、クリーム、バター、チーズがあり、それぞれを発酵させたものとして発酵クリーム、発酵バター、発酵チーズなどがあります。

### ❶発酵クリーム

クリームは、「乳から乳脂肪分以外の成分を除去し、乳脂肪分を18・0%以上にしたもの」と定められている通り、乳の脂肪分の多い部分を分けとったものです。

このクリームに乳酸菌をまぜ、適当な温度を保って乳酸発酵させたものが発酵クリームです。生クリームのコクや香りと、乳酸発酵による酸味をあわせ持った食品ということができます。サラダドレッシングなどに使われるサワークリームなどです。

### ❷発酵バター

クリームを適当な容器に入れて激しく振ると、乳脂肪分が固体として遊離してきます。これを集めたものがバターです。バターの成分は80％ほどが脂肪分であり、他の大部分は水分です。100gのバターを作るには約5Lの牛乳が必要といわれます。つまり、原料の牛乳の1/50程度のバターしかできないということです。

このバターを乳酸発酵させたものが発酵バターです。しかし近年までのバターづくりは衛生環境の整っていない酪農場の一角で作っていることが多かったので、否応なくバターに天然の乳酸菌が混入しており、したがって全てのバターは発酵バターと言ってよい状態でした。それが近代になってバター生産工場の衛生設備が完備したことによって初めて乳酸菌の混入しない無発酵バターを作ることができるようになったというわけです。ところが日本に本格的なバターが根付いたのは近代以降なので、日本では最初から乳酸菌のいない条件でバターが作られました。その結果、無発酵バターが普通で、発酵バターは特殊という、本家の欧米と逆転した現象が起きたのです。

### ❸ 発酵チーズ

チーズの主な原料は乳の中にあるタンパク質の一種カゼインです。カゼインには一分子中に水に溶ける親水性の部分と水に溶けない疎水性の部分があります。このような分子を一般に両親媒性分子と言い、石鹸を代表とした界面活性剤がその典型となっています。このような分子が仲立ちとなって脂肪分と水分を溶け合わせたのが乳ということになります。

このような状態の乳に乳酸菌を加えてpHを酸性に変えたり、あるいはレンネットと呼ばれる凝乳酵素を添加したりすると、カゼイン分子の親水性の部分が加水分解によって切り離されます。すると、残ったカゼイン分子の疎水性部分は水溶液中に溶けていることができず、それだけが集合して固まることになります。これがチーズです。

チーズの主成分はタンパク質だと思いがちですが、実はチーズの成分で最も多いのは脂肪分でチーズ全重量の30％ほどを占めます。タンパク質は20％ほどにすぎません。意外と少ないのに驚くのではないでしょうか？　あとは4％ほどの糖分と水分です。

このようにして作られたフレッシュチーズはそのまま食用になることもありますが、多くは加塩、熟成、微生物による発酵過程を経ることになります。

チーズには1000種類以上もの種類があると言われますが、それは発酵に関与した微生物の種類にもよります。

# 熟成

熟成とは、食品を一定の長期間保存することによって食味や触感を変化、向上させることを言います。もともとは、冷蔵庫がなかった時代に、ヨーロッパで食肉を冷涼な洞窟や地下倉庫などに吊るして保存したことが起源になったと言われています。現在は肉だけでなく、魚介類、野菜類、酒類など、食品一般に対して広く用いられている手法です。原理的には食品にもともと内蔵されていた酵素や付着していた微生物の作用によって食品成分のタンパク質や多糖類が分解し、アミノ酸や糖分が増加することによってうま味が増すというものです。

発酵との違いは、発酵作用のおもな部分が食品に後から付着した微生物という生物の働きによるものであるのに対して、熟成はその作用のおもな部分が食品の中にもともと備わっていた酵素（タンパク質）という物質（分子）による働きであるということです。

食肉の熟成には乾式と湿式の2種類があります。

## 乾式熟成

代表的な牛肉の乾式熟成工程は次のようなものです。

肉の塊(ブロック又は枝肉(半身))などを乾燥熟成庫内に一定期間貯蔵します。その間、庫内は温度0~4℃、湿度は80%前後に保ち、常に肉のまわりの空気が動く状態にしておきます。熟成期間は2週間から1カ月程度です。生ハムの製造工程は典型的な乾式熟成工程ということができるでしょう。

温度が高ければ肉は腐敗してしまい、低過ぎれば凍ってしまって、熟成になりません。除湿や通風は、肉の水分活性を下げて腐敗を防ぐために行います。熟成期間中に、肉の中にある酵素の働きでタンパク質が分解されてペプチドやアミノ酸に変化し、うま味が増すとともに肉が柔らかくなっていきます。

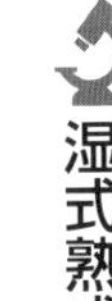

## 湿式熟成

大部分の牛肉が湿式で熟成されるため、単純に熟成というとこちらを指すことの方が多いようです。この方法は肉を乾燥させずにバキュームパック（真空包装）内で熟成をさせるもので、簡単で歩留りも良いため、コストが低く、一般的な方法になっています。

北米やオセアニアから輸入されるチルドビーフは、輸送・流通にかかる時間が3〜5週間程度とちょうどエイジングに適しており、日本に到着して店頭にならぶ頃には熟成されて食べ頃になっているという事情もあります。

## 日本の熟成

熟成は日本でも盛んに行われています。魚は生きた魚をその場で殺したものより、生き締めといって、殺してから数時間たったものの方が身が柔らかく、うまみも多いと言われるのは、その期間に酵素が働いてタンパク質を分解してくれるからです。

江戸時代の寿司屋さんは残った生魚を井戸の上部につるして翌日まで持たしたといいますが、これも井戸の温度と湿度が熟成に適した条件だったということができるでしょう。

雪国では野菜を雪の下に保存して置きますが、この方法は雪の湿気と温度が野菜の保管条件に適しているからといえます。このように保管された野菜は甘みとうま味が増すといわれます。

昔は、日本酒はできてから1年以内に飲むものとされていました。しかし最近は日本酒も洋酒と同じように、一定期間貯蔵したほうがおいしくなるという声が大きくなり、3年とか5年とか熟成したものが喜ばれる風潮があります。この場合も貯蔵条件が大切で、雪中に保存するとか、深海に保存するとか、試行錯誤が試されているようです。

沖縄の泡盛は昔から、寝かせれば寝かせただけ美味しくなると言われ、戦前は100年ものの泡盛も存在したと言われます。

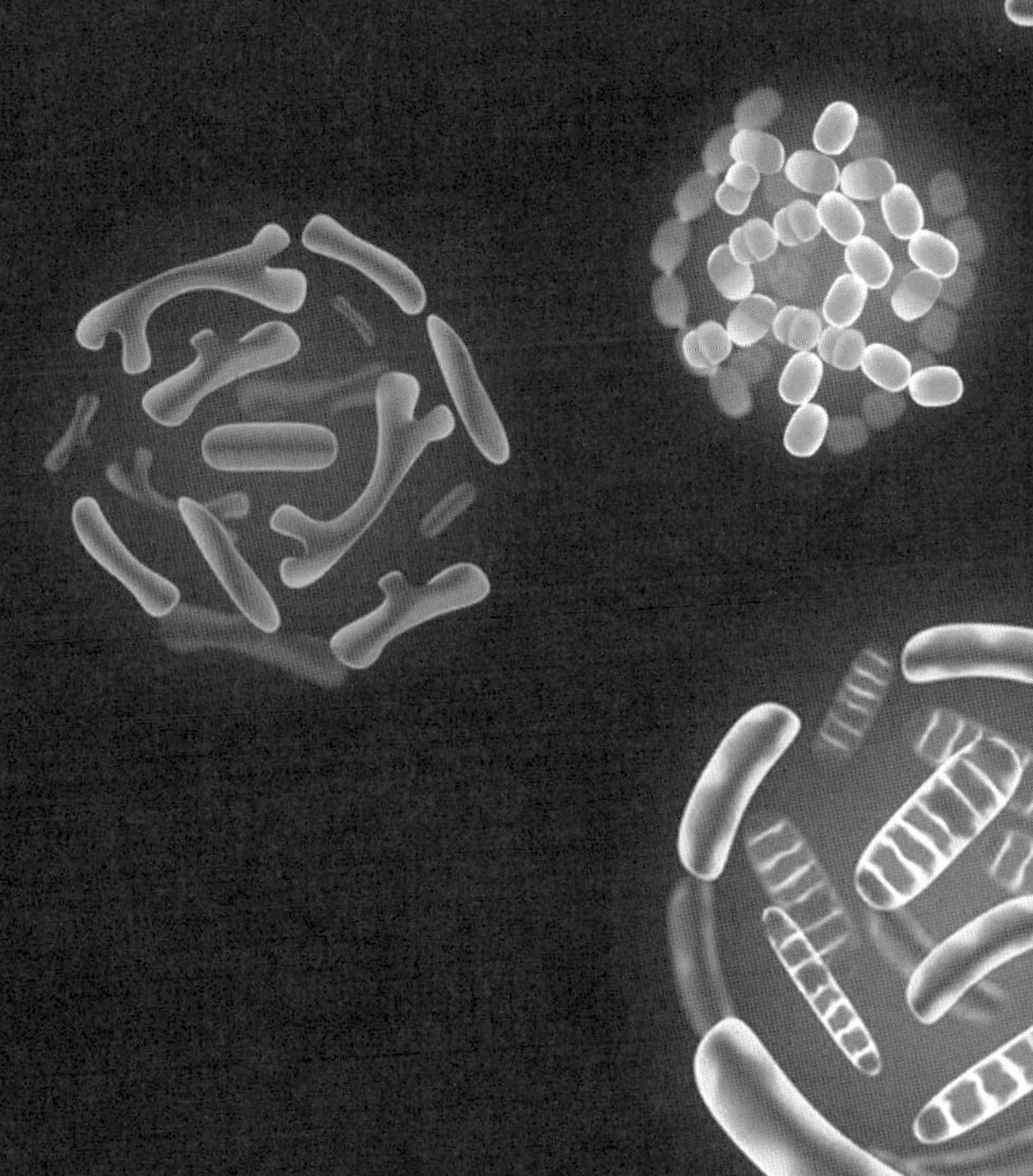

# Chapter. 5
# バイキンとウイルス

SECTION 21

# 生物とは？

腐敗はバイキンによって起こります。バイキンが食品に作用し、食品の成分を人間にとって有害な成分に変えてしまうことが腐敗なのです。

それではバイキンとはなんでしょう？　バイキンは漢字で黴菌と書きます。「黴」は中国語でカビのことです。カビは胞子が発芽して菌糸体になり、それが集まって私たちが目にする毛の集合体のような子実体となり、その先にたくさんの胞子ができて、それが飛び散るこ

●カビの一生

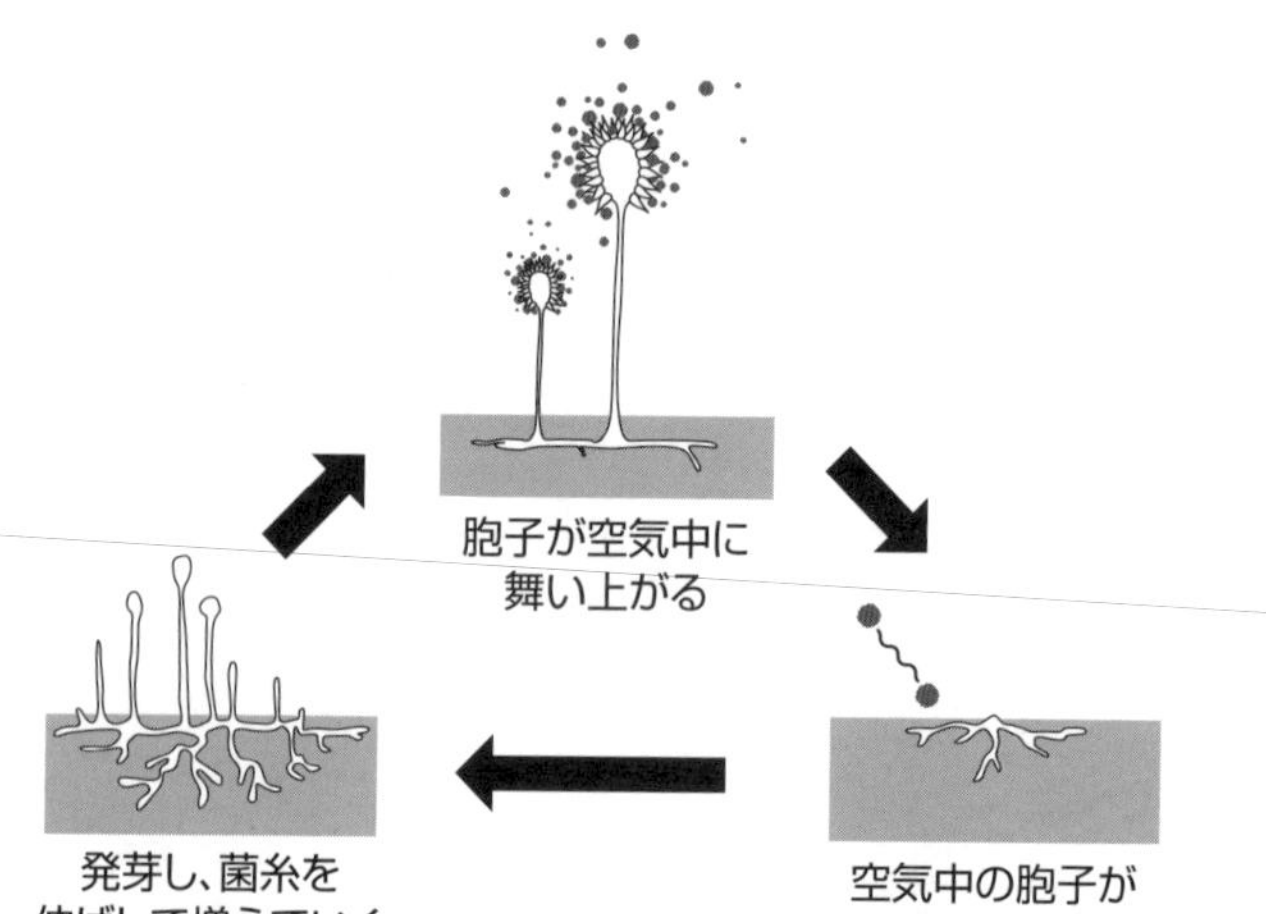

とで増えていきます。ですからカビは生物で、カビのように小さい生物は普通は小さい生物ということで微生物、あるいは細菌と言われます。

## 生物の条件

全ての物体は生命体と非生命体に分けることができます。大腸菌もカビも微生物と言われるように私たち人類と同じ生命体です。それに対して岩石はもちろん、いくら頭がよさそうに思えてもＡＩは非生命体です。それでは物体が生命体と呼ばれるために備えなければならない条件とは何でしょう。それは次の３つの条件のすべてを揃えることです。

**①自分を養う栄養素を自分で調達できること**
**②増殖できること**
**③細胞構造をもっていること**

自分で栄養素を調達するとは、自分で食料を摂取し、それを消化、吸収、代謝して栄養分とすることができるということです。増殖できるということはDNAやRNAなどの核酸を使って自分と同じ形態、機能を持った生命体を作ることができるということです。そして細胞構造を持つということは体が細胞からできているということです。細胞からできているということは、一言でいえば体が細胞膜で仕切られた単位構造からできているということです。

## 人間が生物であることの証明

人間は自分で野菜や肉などの食料を食べ、それを口や胃で消化して養分に分解し、その養分を腸で吸収した後、細胞内で複雑な代謝、すなわち生化学反応を行って養分を二酸化炭素と水に分解してエネルギーを取り出しています。したがって①の条件「自分を養う栄養素を自分で調達できること」を満たしています。

人間は親から譲り受けたDNAを基にしてRNAを合成し、そのRNAをもとにしてたくさんの種類の酵素(タンパク質)を合成し、その働きによって親と同じ形態と機能を持った人間を増産しています。したがって②の条件「増殖できること」も満たしています。

言うまでもなく、私たちの体は37兆個ほどという膨大な個数の細胞からできています。全ての細胞は周囲を細胞膜で包まれ、中にはDNAなどの核酸を入れた細胞核やミトコンドリア、ゴルジ体などの細胞小器官が入り、独自の機能を果たしています。したがって③の条件「細胞構造をもっていること」も満たしています。ということで、わたしたち人間は間違いなく生物です。

## 微生物が生命体であることの証明

例えば大腸菌をみてみましょう。大腸菌は1個の細胞が1個の生命体となっています。従って条件③は満足しています。それぞれの大腸菌

●細胞の構造

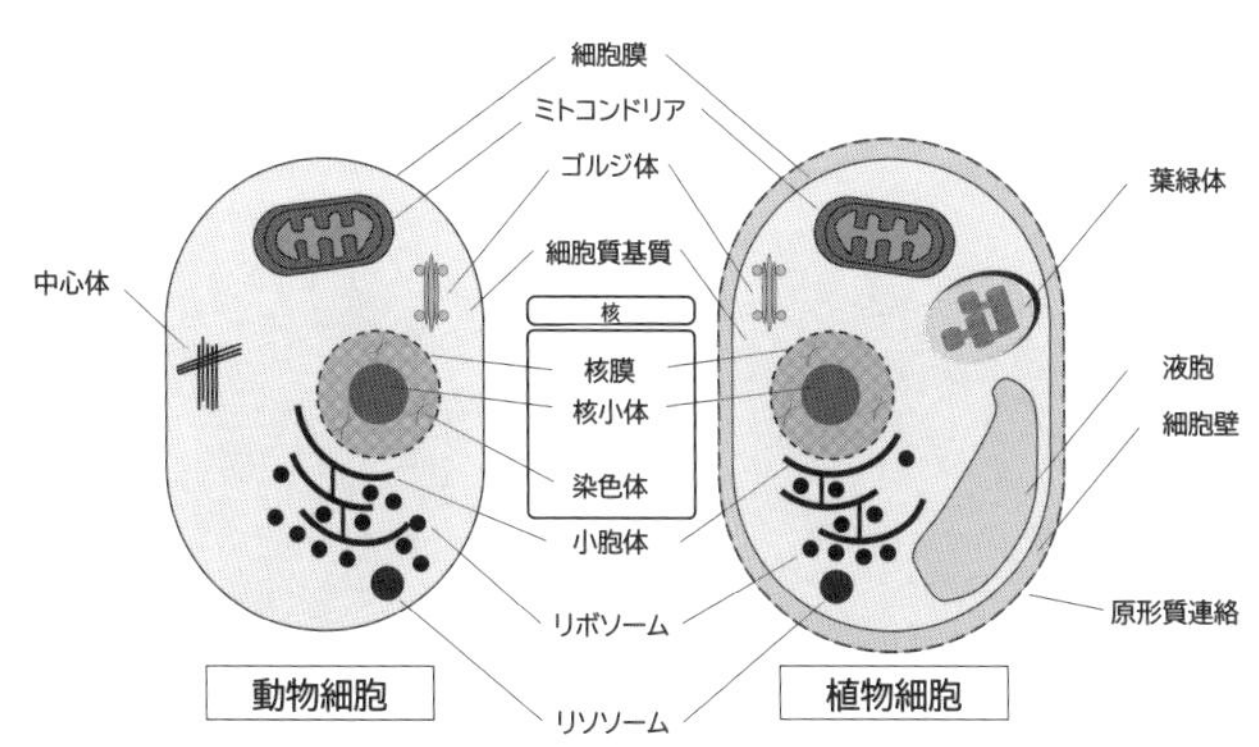

は外界から栄養素を吸収し、体内で生化学反応を行って生命エネルギーを獲得しています。従って条件①も満足です。

1個の大腸菌の細胞内に入っている1個の核酸は、固有の分裂複製によって2個に増殖し、それぞれの核酸が細胞膜で囲まれた2個の娘細胞の中に入って行きます。このようにして1個の母細胞が2個の娘細胞に増殖します。従って条件②も満足しています。

微生物は、3つの条件全てを満たしていることになります。したがって、微生物も間違いなく生命体ということになります。

# 黴菌の種類

黴菌は生物だということを見ましたが、普通に「バイキン」という場合には、黴菌以外の他の病原体をも含んでいることがあります。その黴菌以外の他の病原体というのがウイルスのことなのです。

ウイルスは次の項目でまとめて片付けることにして、ここでは微生物である黴菌のことをもう少し詳しく見ておきましょう。

## 微生物の細胞構造

生命体はすべて細胞構造をもっていますが、実は動物の細胞と植物の細胞では、その構造が少し違います。それは、生命体が骨格を持っているかどうかということに関係しています。哺乳類や魚類などの動物は骨でできた骨格を持っていますし、昆虫も殻と言われる外骨格をもっています。つまり、動物は骨格という強固な構造物で体を支えているのです。このような生物では個々の細胞はそれほど強固でなくても、生体としての体全体の強度を保つことができます。しかし、植物には骨格はありません。従って、その分、細胞がしっかりしている必要があります。そのために植物細胞が備えているのが細胞壁という壁状の構造物です。これはまさしく頑丈なセルロースでできた頑丈な壁であり、細胞膜の外側を取り囲んでいます。

植物が成長すると、この細胞壁が木材に変化して植物体を支えます。これは、同じ木造建築物でも日本の建築物は柱や梁による頑丈な骨格構造によって建築を支えるのに対して、外国建築では2×4（ツーバイフォー）と呼ばれるように壁構造で建築を支える違いがあるのに似ています。

微生物も骨格を持ちません。その意味では植物と同じです。ということで、微生物の細胞には細胞壁が備わっています。すなわち、微生物は生物であり、運動して動くものもありますが、その細胞構造は、動物でない植物と同じなのです。

## 微生物の分類

微生物、つまり黴菌、細菌の種類は数えきれないほどたくさんあります。ここでは細菌の働き方、言ってみれば「悪さの仕方」、つまり、食中毒を発生するメカニズム（機構）によって整理しましょう。その際、次のような原因があります。食中毒は、食品と一緒に食べた細菌が体内で増殖することによって発病します。その際、次のような原因があります。

- **「細菌自体が発病の原因」となる場合**
- **細菌が増殖するときに食品を変化させて作り出した物、つまり「細菌が作り出した毒素が原因」となる場合**

前者を感染型細菌、後者を毒素型細菌といいます。毒素型細菌はまた、食物内毒素型細菌と生体内毒素型細菌に分けることができることがわかります。

### ❶ 感染型細菌

感染型の食中毒は原因となる菌が腸管内で増殖することによって起こる食中毒で

す。そのため、菌の個数がある程度多くなっていることが必要となります。すなわち菌が体内に入ってから腸管内で増殖するための時間が必要です。そして、この時間が潜伏期間、すなわち、菌が体内に入ってから発病するまでの時間となります。普通8時間から数日間が必要となります。

### ❷ 毒素型

それに対して毒素型は、菌が作り出した毒素を人間が摂取することでおこる食中毒なので、菌が増殖するための時間は必要ありません。したがって潜伏期間は短く、30分〜8時間程度となります。この場合、菌が食品に付着して、発病に必要な量の毒素を分泌するまでの時間を実際の潜伏期間に算入したほうがいいのかもしれません。この型には食品内毒素型と生体内毒素型の2種類があります。

**・食品内毒素型**

食品中で細菌が増殖する際に産生した毒素を、食品と共に摂取することで食中毒を起こすのが食品内毒素型です。

・**生体内毒素型**

摂取した細菌が腸管内で増殖し、毒素を産生して食中毒を起こすのが生体内毒素型です。

つまり、菌が生体外に在った時に、その食品中に毒素をまき散らすものを生体外毒素型となります。反対に生体内、つまり、腸の中にまき散らすものが生体内毒素型となります。

## いろいろの細菌

### ❶感染型

・**腸炎ビブリオ**

魚介類に多く繁殖します。海水中での増殖は速いですが、淡水中では増殖できません。

・**サルモネラ菌**

卵や肉に繁殖します。卵の生食文化のある日本では、卵は出荷の際に殺菌消毒を行っていますが、生食文化の無い外国ではそのようなことはありません。外国で生卵を食べる際には注意が必要です。

・カンピロバクター

食肉、特に鶏肉中で繁殖します。酸素の無い環境が好きな嫌気性細菌なので、大気中では繁殖できません。反対に真空包装などの密閉容器中では繁殖できます。

・リステリア

乳製品、魚介類加工品中で繁殖します。４℃以下の温度でも繁殖します。内容を詰めすぎたとかで温度低下能力の低い冷蔵庫では安心して貯蔵することはできません。

❷食物内毒素型

・セレウス菌

ピラフなどの米飯加工品中で繁殖します。毒素は１２１℃でも壊れません。

・**黄色ブドウ球菌**

弁当、おにぎり、調理パン中で繁殖します。人や動物の皮膚に分布し、嫌気性で酸素が無くても繁殖します。

・**ボツリヌス菌**

缶詰、瓶詰、漬物中で繁殖します。嫌気性で、食中毒の原因となる菌の中で最も危険な菌とされます。

**❸生体内毒素型**

・**セレウス菌**

スープ内で繁殖します。熱に強いので通常の加熱でも生存可能です。

・**ウェルシュ菌**

カレー、スープ中で繁殖します。酸味の無い条件を好みます。

## ●細菌の種類と特徴

| 種類 | | 細菌名 | 特徴 | 主な原因食品 | 主な症状 |
|---|---|---|---|---|---|
| 感染型 | | 腸炎ビブリオ | 海水中に生息している。増殖は極めて速いが、真水では増殖できない。 | 魚介類、特に夏期に沿岸で獲れたもの | 腹痛、下痢、吐気、嘔吐 |
| | | サルモネラ属菌 | 乾燥に強い。家畜、家禽、魚介類、ペットなどに広く分布している。 | 卵・食肉及びその調理加工品などや、家畜の糞便に直接・間接的に汚染された各種食品 | 発熱、腹痛、下痢、嘔吐 |
| | | カンピロバクター | 家畜、家禽、ペットなどに広く分布している。大気中では増殖できない（酸素の少ないところを好む）。少ない菌数で食中毒を発症する。 | 食肉、特に鶏肉 | 発熱、腹痛、下痢、嘔吐 |
| | | リステリア | 河川水や動物の腸管内など環境中に広く分布している。4℃以下の低温や、12%食塩濃度下でも増殖できる。 | 乳製品や食肉加工品、魚介類加工品、サラダ | 発熱、吐気、下痢、頭痛、ふらつき、けいれんなど |
| 毒素型 | 食物内毒素型 | セレウス菌（嘔吐型） | 土壌、空気中など広く分布。通常の加熱調理でも生き残る。毒素は121℃でも壊れない。 | 焼き飯、ピラフなどの米飯類 | 吐気、嘔吐 |
| | | 黄色ブドウ球菌 | ヒト、動物の皮膚、粘膜に広く分布。塩分や乾燥に強く、酸素がなくても増殖する。毒素は100℃でも壊れない。 | 弁当、おにぎり、調理パン、和・洋菓子 | 吐気、嘔吐、下痢 |
| | | ボツリヌス菌 | 土壌などに広く分布。通常の加熱調理でも生き残る。酸素のない条件で増殖する。 | 缶詰、びん詰、いずし等の漬物（なれずし）、ソーセージなど | 複視、嚥下麻痺、呼吸困難 |
| | 生体内毒素型 | 病原性大腸菌 | ヒト、動物に分布。少ない菌数で食中毒を発症する。 | 糞便に直接・間接的に汚染された各種食品 | 下痢、腹痛、発熱、吐気（腸管出血性大腸菌O157では溶血性尿毒症で死亡する場合もある） |
| | | セレウス菌（下痢型） | 土壌、空気中など広く分布。通常の加熱調理でも生き残る。 | スープ、肉類、野菜など | 下痢、腹痛 |
| | | ウェルシュ菌 | 土中、水中、ヒトや動物などに分布。通常の加熱調理でも生き残る。酸素のない条件で増殖する。 | 加熱調理食品。特に大量調理されたカレー、スープ、弁当など | 下痢、腹痛 |

※微生物がおこす食中毒予防早見表（日本食品衛生協会）参照
※食品微生物の科学（清水潮著、幸書房、2001）参照

# ウイルスとは?

先に、病原体、いわゆるバイキンには「生物である黴菌」と「それ以外の病原体」があるといいました。それ以外の病原体というのがウイルスです。ここではウイルスとはどのようなものかを見ていくことにしましょう。

## ウイルスの歴史

肉眼に見えない微生物（細菌）を最初に発見したのはオランダのレーウェンフックで、日本なら江戸時代初期にあたる１６７４年に、顕微鏡によって細菌を発見しました。その後１８６０年にフランスのルイ・パスツールが醸造における細菌の働きを明らかにし、１８７６年にドイツのロベルト・コッホが、病気と細菌の関係を明らかにしました。

特にコッホが発見した「感染症が病原性細菌によって起きる」という考えが医学に与えた影響は大きく、それ以降、感染症の原因は、寄生虫以外は、全て細菌によるものだと考えられ、感染症との戦いはすなわち細菌との戦いであると考えられるようになりました。

つまり、この時代までは、顕微鏡の倍率が低いという物理的な原因によってウイルスは発見されておらず、したがって病気の原因になり得る微生物は細菌だけであり、それより小さい病原体があり得るとはだれの頭にも浮かばないのでした。

ところが、1892年、ロシアのドミトリー・イワノフスキーは、タバコモザイク病の病原体が、細菌濾過器(当時は粘土を素焼きにした物)を通過しても感染性を失わないことを発見し、それが細菌より小さい、光学顕微鏡では観察できない存在であることを報告しました。

## ❶ 濾過性病原体発見

同じころ牛の口蹄疫(こうていえき)の病原体がやはり細菌濾過機を通過することが発見され、これらの病原体は「濾過性病原体」と呼ばれるようになりました。当時の研究者のある人は濾過性病原体を「普通の細菌より小さな細菌」と考えましたが、中にはこの病原体は細菌ではなく、「分子」であると考えた人もいました。

その後、同様の性質をもった病原体がいくつか発見されていくことで、一般にも「分子とは違う存在」としてのウイルスの存在が信じられるようになり、さらに物理化学的な性質が徐々に解明され、ウイルスはタンパク質からできていると考えられるようになりました。

## ❷ウイルスの結晶化と可視化

1935年、アメリカのウェンデル・スタンリーがタバコモザイク病の病源体と考えられていたウイルスの集団を結晶化することに成功し、これによってウイルスを初めて電子顕微鏡によって観察することが可能になりました。

またこのウイルス結晶は、結晶化した後も感染能を持っていることがわかり、化学物質のように結晶化できるのに、生物のように病気を引き起こすことのできる「もの」が存在するということで、生物学・科学界に衝撃を与えました。このことによって、ウイルスのタンパク質は分子のような「物質」なのか、それとも「細菌・微生物」のような生物なのかという生物学界の大問題に火が着くことにもなりました。スタンリーはこの業績により、1946年にノーベル化学賞を受賞しました。

## ❸ 核酸発見

スタンリー自身は、ウイルスは自己触媒能を持つ巨大なタンパク質であると考えましたが、翌年、ウイルスには少量の核酸であるRNAが含まれるという、重大事項が発見されました。

当時は、まだ核酸の正体や働き、ましては核酸と遺伝子の関係は闇の中であり、遺伝を支配する遺伝子はタンパク質であるとする学説が優勢でした。ところが、スタンリーのノーベル賞受賞のわずか6年後の1952年に、DNAやRNAなどの核酸が遺伝子の役割を持つことが明らかになったのでした。

これを契機にRNAを持つウイルスの繁殖、ひいてはウイルスの性質そのものの研究が進むようになったのでした。

## ウイルスの構造と種類

電子顕微鏡の発達によってその解像度が上がると、ウイルスの構造上の特徴も明らかになりました。それは、まず、ウイルスは小さいということです。

### ❶大きさの比較

図にいくつかの基本的な粒子とウイルスとの大きさの比較を示しました。ウイルスの直径は多くの細菌の直径の1/10以下です。ということは体積で1/1000ということです。ウイルスの大きさ（長径）は小さいもので20〜40㎚で平均すると100㎚（0・1㎛）程度です。

●ウイルスとの粒子の大きさの比較

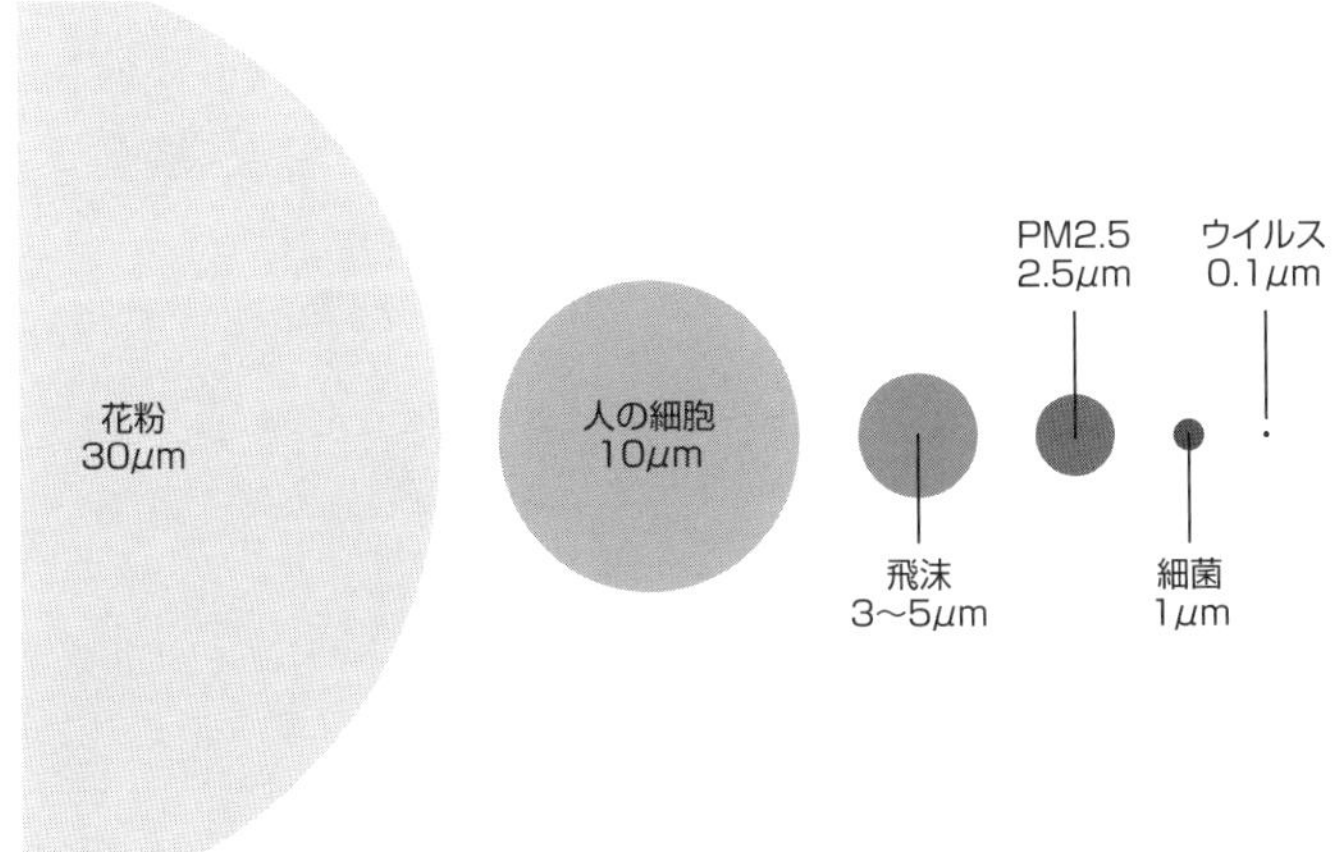


※ 1μm = 0.001mm

最も大きい天然痘ウイルスでさえ、その長径300㎚で、細菌で最も小さいマイコプラズマ(200〜300㎚)より少し大きい程度に過ぎません。

ウイルスは光学顕微鏡では観察できず、電子顕微鏡が必要ですが、電子顕微鏡は被写体に大エネルギーの電子線を照射するため、生きた細胞内に存在するウイルスを観察することはできません。

先ほどの図の左端の花粉と比べてください。ウイルスは比較にならないほど小さいです。つまり、マスクの織物の目でウイルスを防御しようなどというのはナンセンスだということです。マスクの意味は、自分の出すウイルス交じりの飛沫

●天然痘ウイルス

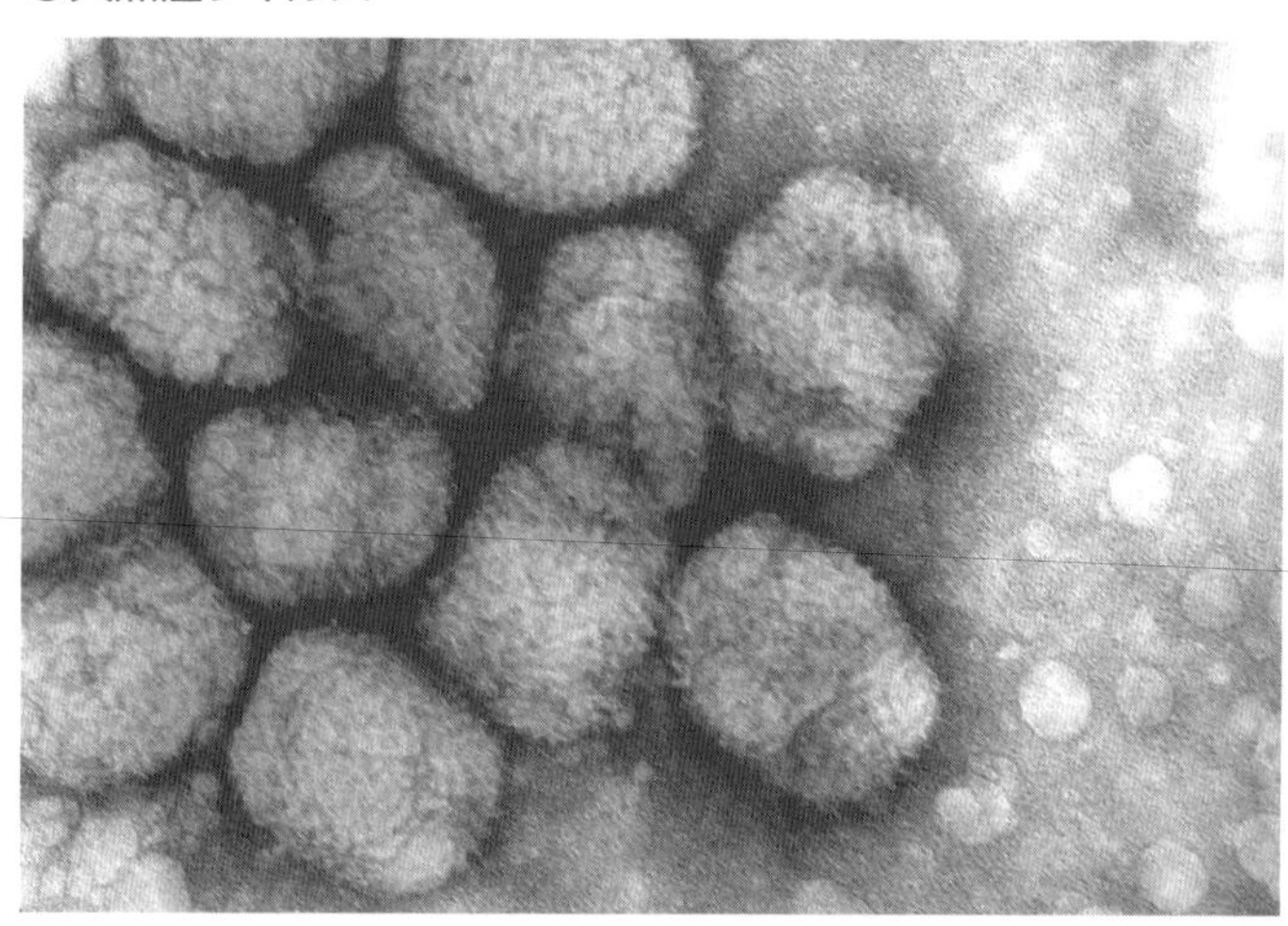

を他人に届けないという、消極的な防御策、つまり他の人のためにマスクをするというところにあるのです。

それにしてもウイルスが飛沫を離れ、独り立ちして空気中を浮遊したら、マスクは何の役にもたちません。

## ❷ 基本構造

ウイルスの基本構造は、粒子の中心にある核酸(DNA、RNA)と、それを取り囲むカプシド(殻)でできています。ウイルスの形状はカプシドの形によって基本的には20面体型(立方対称型)と螺旋対称型に分けることができます。ウイルスによっては、カプシドの外側にエンベロープと呼ばれる膜成分などを含むものがあります。

ウイルスの核酸は、通常、DNAかRNAのどちらか一方です。すなわち、他の生物の多くが一個の細胞内にDNAとRNAの両方の核酸分子を含むのに対して、ウイルスにはその片方しか含まれません。また核酸に含まれる遺伝子の数も極めて少なく、例えば、人の場合にはDNA上に遺伝子が数万個あるのに対して、ウイルスでは3～100個ほどしか無いと言われます。

### ❸ カプシド

カプシドは、核酸を覆っているタンパク質であり、ウイルス粒子が宿主細胞の外にあるときに内部の核酸をさまざまな障害から守る「殻」の役割をしています。ウイルスが宿主細胞に侵入した後、カプシドは壊れて内部のウイルス核酸が放出され、この時点からウイルスの複製がはじまります。

カプシドは、同じ構造の小さなタンパク質が多数組み合わさって構成されています。この方式は、ウイルスの限られた遺伝情報量を有効に活用するために役立っていると考えられます。つまり、自分の身を守るためのカプシドタンパクの

●ウイルスの基本構造

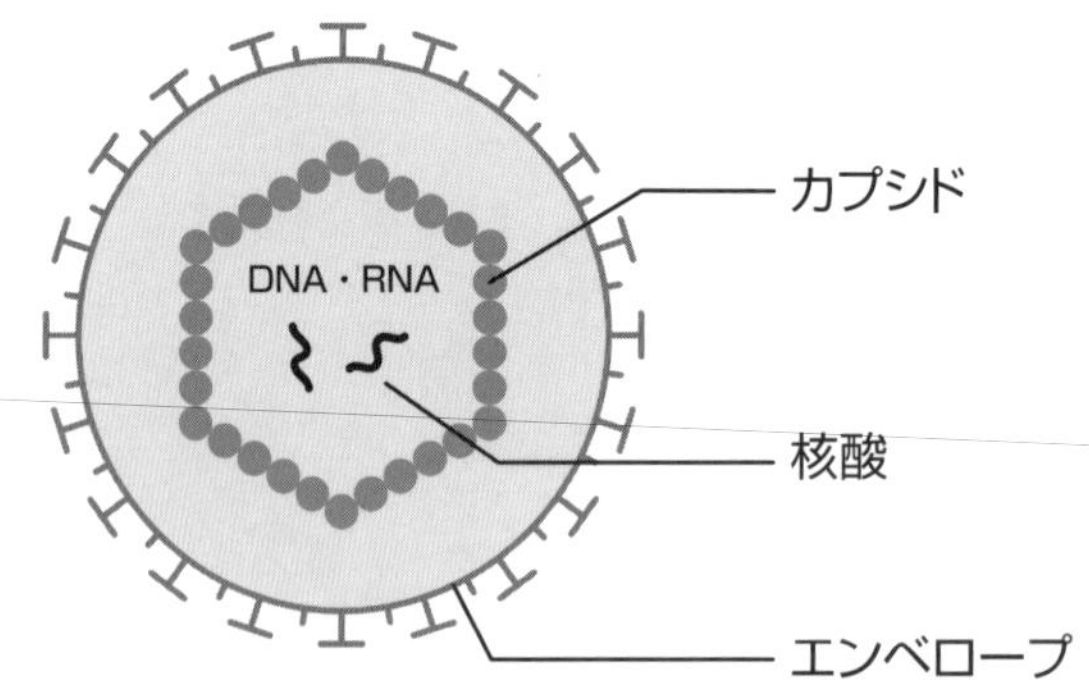

製造のために貴重な遺伝情報を使うのでなく、宿主を攻撃し、自分の増殖を図るために遺伝情報を使うことができるということです。

## ❹ エンベロープ

エンベロープは、一部のウイルス粒子に見られる膜状の構造のことです。エンベロープは、ウイルスが感染した宿主細胞内で増殖し、そこから細胞外に出る際に宿主細胞の細胞膜あるいは核膜などの生体膜を被ったまま出芽することによって獲得されます。そのため、エンベロープの成分は、基本的には宿主細胞の細胞膜の成分と同じことになります。

エンベロープは、その大部分が細胞膜の成分であるリン脂質から成るため、エタノールや有機溶媒、石けんなどで処理すると容易に破壊されてしまいます。このため一般にエンベロープを持つウイルスは、消毒用アルコールで不活化することが容易です。

SECTION 24

# ウイルスの増殖と影響

生物でないウイルスは、単独では増殖できず、他の生物の細胞(宿主細胞)内に感染して初めて増殖することが可能となります。また、一般的な生物の細胞が2個の細胞に分裂することによって増殖します。すなわち、n回の分裂で$2^n$に分裂するというように対数的に数を増やす(対数増殖)のに対し、ウイルスは1つの粒子が、感染した宿主細胞内で一気に数を増やして、多数個の自分の分身を放出します(一段階増殖)。このように感染したウイルスは細胞内で一度分解されて姿を消すため、見かけ上ウイルス粒子の存在しない期間が存在します。これを暗黒期といいます。

ウイルスに寄生された細胞は、通常の生命維持の機能を果たせなくなり、ウイルス工場となって最終的には破壊されてしまいます。

## ウイルスの増殖

ウイルスの増殖は以下のようなステップで行われます。

①宿主細胞表面への吸着
②宿主細胞内への侵入
③核酸のカプシドからの脱出(脱殻)
④ウイルス部品の合成
⑤ウイルス部品の集合
⑥完成ウイルスの宿主細胞からの放出

①宿主細胞表面への吸着

ウイルス感染の最初は、宿主細胞の表面に吸着することです。ウイルスが宿主細胞に接触すると、ウイルスの表面にあるタンパク質が宿主細胞の表面に露出している「何らかの分子=標的分子=レセプター分子」を標的にして吸着します。

ウイルスが感染するかどうかは、そのウイルスに対するレセプターを宿主細胞が持っているかどうかに依存します。代表的なレセプターとしては、ヒト免疫不全ウイルスに対するヘルパーT細胞表面のＣＤ４分子などが知られています。

**②細胞内への侵入**

細胞表面に吸着したウイルスは、細胞内部へ侵入します。その代表的な方法は次のようなものです。

**・エンドサイトーシス**

宿主細胞自身が持っている養分を細胞内に取り込むシステムをエンドサイトーシスといいます。ウイルスはこの機構によって取り込まれます。

**・膜融合**

吸着したウイルスのエンベロープが宿主細胞の細胞膜と融合し、ウイルス粒子内部の核酸入りのカプシドがエンドサイトーシスと似た機構によって細胞内に送り込まれます。

### ③ 脱殻

細胞内に侵入したウイルスは、カプシドが分解されて、その内部からウイルス核酸が遊離します。この過程が脱殻です。脱殻が起こってから粒子が再構成されるまでの期間は、ウイルス粒子がどこにも存在しないことになるので、この期間を暗黒期とよびます。

### ④ 部品の合成

脱殻により遊離したウイルス核酸は、次代のウイルス（娘ウイルス）の作成のために大量に複製されると同時に、さらにそこからｍＲＮＡを経て、ウイルス独自のタンパク質が大量に合成されます。すなわちウ

●ウイルスの増殖

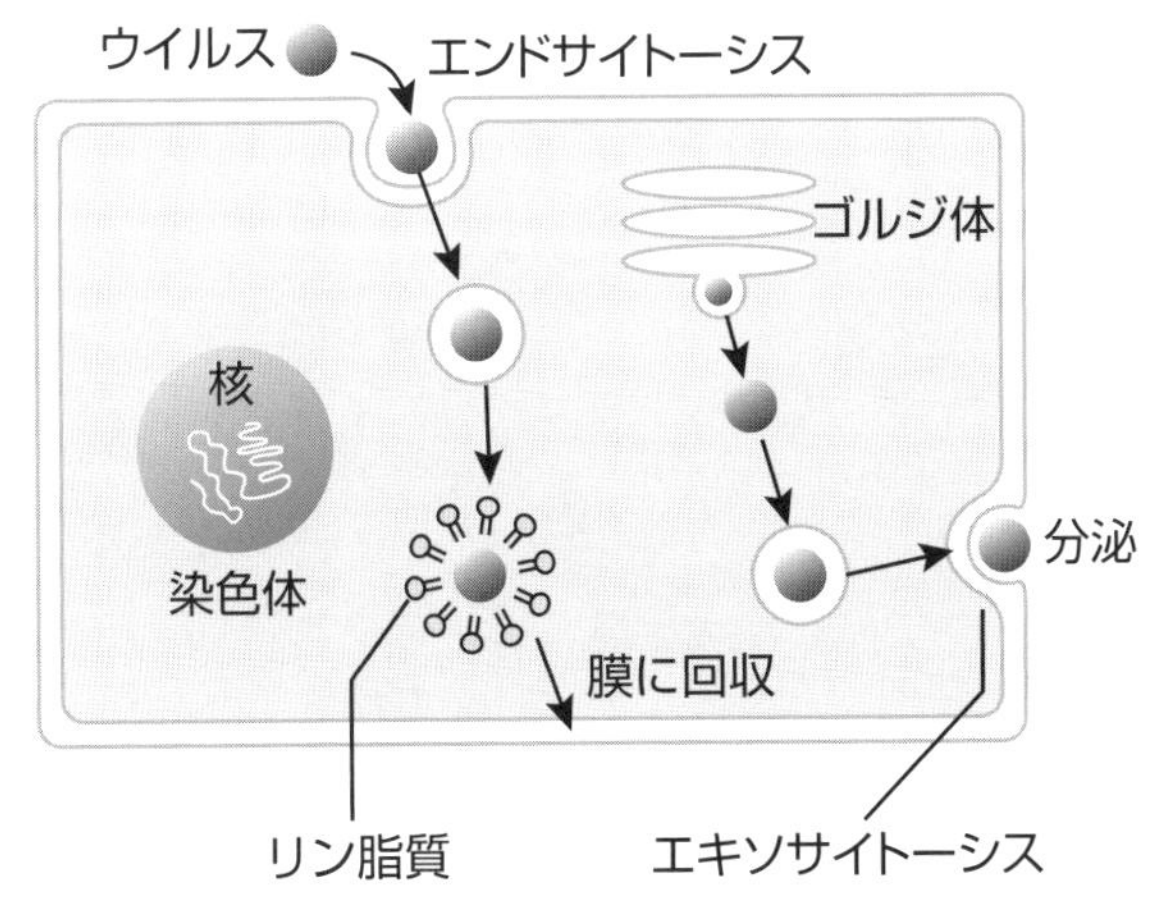

イルスの合成は、その部品となる核酸とタンパク質を別々に大量生産し、その後で組み立てるという方式で行われるのです。

### ⑤ 部品の集合とウイルス粒子の放出

別々に大量生産されたウイルス核酸とタンパク質は宿主細胞内で集合します。そして集合によって完成したウイルスは、細胞から出芽したり、あるいは感染細胞が死ぬことによって放出されたりします。このときエンベロープを持つウイルスの一部は、出芽する際に被っていた宿主の細胞膜の一部を新しいエンベロープとして獲得します。

## ウイルスが宿主に与える影響

ウイルスによる感染は、宿主となった生物に細胞レベルや個体レベルでさまざまな影響を与えます。その多くの場合、ウイルスが病原体として作用し、宿主細胞の生死に関わる大きなダメージを与えます。

### ❶ウイルス感染による細胞死

ウイルスが細胞内で大量に増殖すると、細胞本来の生理機能が破綻したり細胞膜や細胞壁の破壊が起きたりする結果として、多くの場合、宿主細胞は死を迎えます。

多細胞生物の細胞では、ウイルス感染時に細胞周期を停止させたり、細胞傷害性T細胞を活性化したりして、アポトーシス(自己死)を起こすことも知られています。感染した細胞が自ら死ぬことで周囲の細胞にウイルスが広まることを防いでいると考えられます。

これを利用して、ガン細胞にウイルスを人為的に投与して感染させて破壊するウイルス療法が実施・研究されています

### ❷持続感染

ウイルスによっては、短期間で大量のウイルスを作って直ちに宿主を殺すのではなく、むしろ宿主へのダメージが少なくなるよう少量のウイルスを長期間にわたって持続的に産生(持続感染)するものがあります。宿主細胞が増殖する速さと、ウイルス複製による細胞死の速さが釣り合った場合を特に持続感染状態と言います。

## ❸細胞の不死化とガン化

多細胞生物に感染するウイルスの一部には、感染した細胞を不死化したり、ガン化したりするものがあります。このようなウイルスを腫瘍ウイルスあるいは、ガンウイルスと呼びます。ウイルスが宿主細胞を不死化、あるいはガン化させるメカニズムはまちまちです。主な物として次の場合などが知られています。

①宿主細胞が感染に抵抗して起こす細胞周期停止やアポトーシスに対抗して、細胞周期を進行させたりアポトーシスを抑制したりする遺伝子産物を作る場合(DNAガンウイルス)

②細胞の増殖を活性化する場合

# ウイルス性疾患

ウイルスは人間に病気を移します。そのメカニズムはどのようになっているのでしょうか?

## ウイルス感染症

ウイルスによって引き起こされた感染症をウイルス感染症と言います。インフルエンザや天然痘、麻疹、風疹、後天性免疫不全症候群(AIDS)、新型コロナウイルス感染症などの病気がウイルス感染症に属しており、これら感染症の病原ウイルスは、しばしば全民族的、全世界的なパンデミック(大流行)を引き起こして、人類の当時の人口に影響するほど多くの犠牲者を出してきました。

天然痘の影響は特に大きく、全世界的な規模で蔓延(パンデミック)しました。日本でも蔓延し、戦国時代の伊達藩（現在の仙台市）の藩主、伊達政宗が隻眼（片目）だったのも天然痘で片目を失ったせいと言われます。

13世紀〜16世紀にかけて勢力を誇り、一時には600万の人口を持ったインカ帝国は1533年に攻めてきたスペイン人ピサロのわずか百数十名の軍人に攻撃され、皇帝は処刑され、帝国は滅ぼされ、財宝のほとんどはスペインに持ち去られました。

なぜこのような一方的な敗戦になったのかというと感染症のおかげです。南米にはピサロの前に南米に渡ってきたスペイン人が持ちこんだ天然痘、インフルエンザ、チフス、麻疹などの感染症が猛威を振るい、免疫を持たなかった現地人は次々と命を失い、最盛期には2000万を数えた南米の人口はわずか100年後には100万人に激減していたといいます。

当時のインカ帝国皇帝も2代続けて天然痘に倒れていたといいますから、当時はピサロが来る前にインカ帝国は既に帝国の体をなしていなかったということだったのでしょう。

## ウイルス感染

ウイルス感染症は、ウイルスを飲み込んだり、吸い込んだり、虫に刺されたり、性的接触を通じたりして感染することがあります。ウイルス感染症は、鼻、のど、上気道や、神経系、消化器系、生殖器系に生じるものが多くなっています。

診断は、症状、血液検査と培養検査、感染組織の検査に基づいて下されます。抗ウイルス薬は、ウイルスの増殖を妨いだり、ウイルス感染症に対する免疫反応を強化したりするものです。

## 発症

ウイルスは真菌や細菌よりはるかに小さく、生きた細胞に侵入しないと増殖(複製)できない感染性病原体です。ウイルスは細胞(宿主細胞と呼ばれる)に付着して細胞内に侵入し、細胞内で自身のＤＮＡやＲＮＡを放出します。このＤＮＡやＲＮＡは、ウイルス自身を複製するために必要な情報を含む遺伝物質です。

ウイルスの遺伝物質は細胞を支配し、強制的にウイルスを複製させます。ウイルスに感染した細胞は、ウイルスによって正常に機能できなくなるため、通常は死にます。細胞が死ぬと、その細胞から新しいウイルスが放出され、他の細胞に感染します。

## 増殖

ウイルスの主構造は核酸(DNAかRNAのどちらか一方)で構成されており、タンパク質の殻(カプシド)で覆われています。ウイルスが増殖するには生きている細胞が必要です。ウイルス感染症は、無症状(明らかな症状はない)から重度の病態にいたるまで、幅広い症状を引き起こします。

ウイルスは、複製にDNAとRNAのどちらを利用するかによって、DNAウイルスかRNAウイルスに分類されます。RNAウイルスには、HIV(ヒト免疫不全ウイルス)などがあります。

RNAウイルスは突然変異しやすい傾向があります。また、ウイルスの種類によっては、感染した細胞を殺さずにその機能を変えてしまうものがあります。あるものは細胞に感染して、正常な細胞分裂ができないようにし、ガン化させてしまいます。

## ウイルス感染症による真の死因

ウイルス感染症における症状の中には、ウイルス感染自体による身体の異常、つまり宿主細胞を構成する成分の多くをウイルス生成のために横取りされて、宿主細胞の円滑な分裂・複製が行われなくなったことによるダメージもあります。

しかし、むしろ発熱、感染細胞のアポトーシス（自死）などによる自発的な組織傷害のように、宿主細胞自身の対ウイルス性の身体の防御機構（免役機構）自体が宿主の健康な身体の生理機構を変化させ、疾患に導くタイプも多くなっています。

## ウイルス感染症の今後

人類は生物進化の最後尾にあり、微生物やウイルスからの最終攻撃物とされているとも考えられます。

それらのウイルスも、天然の宿主では無害であることが多いのです。そうなる仕組みは、弱毒化したウイルスが感染した宿主は長期間行動することができるため、それだけ長期間ウイルスを増殖し続けることができるからです。その結果、そのウイルスは他の宿主に感染する機会が増えます。つまり、弱いウイルスの方が増殖、感染する機会は多いのです。

つまり、一般に長い目で見ればウイルスは弱毒化した方が自分にとっては有利なのです。しかし、短期的には強毒化する場合もあり、長期的な弱毒化を理由にウイルスを軽視することもできません。現在変貌しつつある新型コロナウイルスとの戦いは、これから長く続くであろう人類とウイルスの戦いにおいて、歴史に残る名勝負となるのではないでしょうか?

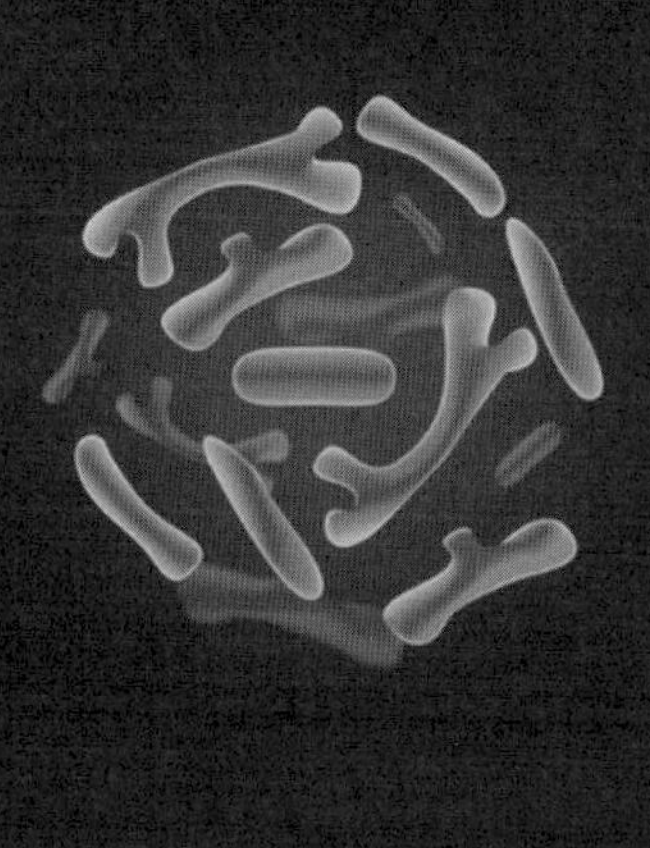
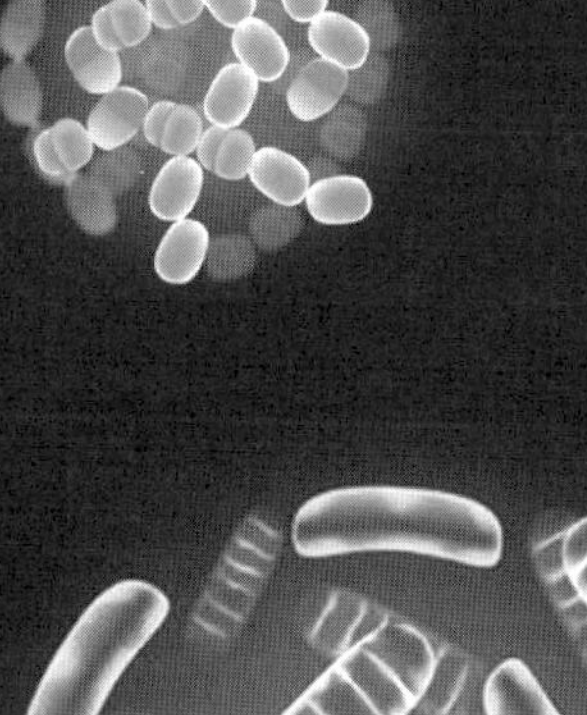
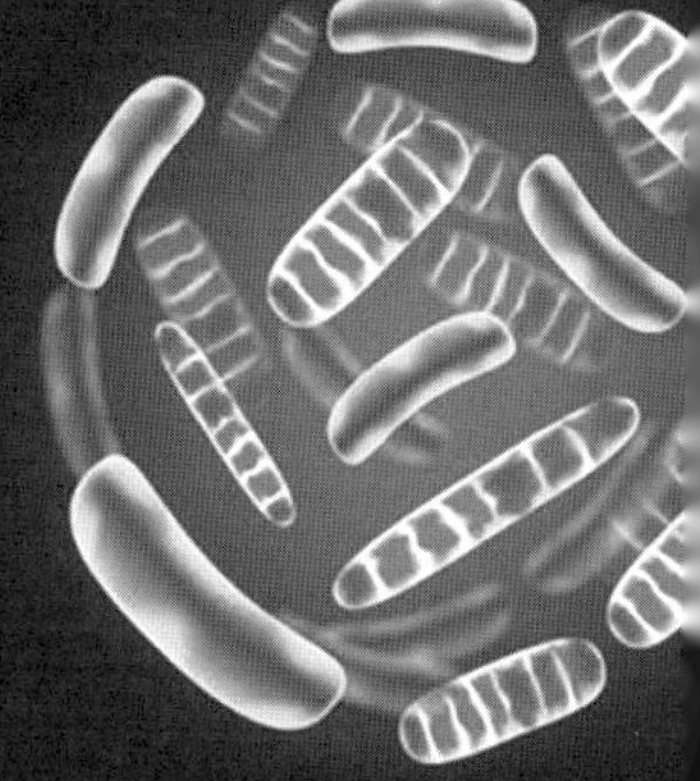

# Chapter. 6
# バイキンとワクチン

# SECTION 26 抗生物質

人類はその歴史の黎明期から、外敵による病気の恐怖にさらされてきました。病気の原因になるものというのは、一つは食中毒を引きおこす黴菌（微生物）があるでしょうし、食中毒を介さずに、直接人体の内臓を悪化させる微生物もあったことでしょう。また、怪我した箇所に作用するカビのような微生物もあったでしょうし、このような微生物ではなく、植物や鉱物の毒などのように、直接人体に作用する毒物もあったことでしょう。

## 抗生物質とは

コッホが、多くの病気の原因は微生物によるものであることを発見してからは、人々はなんとか微生物を攻撃する医薬品は無いものかと、自然界の天然物や、科学者が創作した化学物質（分子）の効用を研究しました。そのような動き中で発見された特効薬が抗生物質でした。抗生物質とは、微生物が分泌する化学薬品で、他の微生物の存在を危うくする物のことをいいます。

## ❶抗生物質の発見

1928年イギリスの化学者アレクサンダー・フレミングは細菌の研究をしていました。いつものようにシャーレ内に作った培地に細菌を培養しましたが、失敗してそこに青カビを落としてしまいました。翌日、そのシャーレを片付けようとして中を見たところ、青カビの周囲に繁殖していた細菌だけが溶けたようになって消えているのを見つけました。

●アレクサンダー・フレミング

これを契機に彼は青カビが細菌を殺す物質を分泌することに気付き、その物質をペニシリンと名付け、病気に応用することを研究しました。しかし、ペニシリンを研究に十分な量だけ単離することができず、研究は中断したままになっていました。

ところが発見から12年後の1940年に二人の研究者、ローリーとチェインがフレミングの論文を発見し、彼の研究を続行することにしました。二人は幸いにもペニシリンの大量合成に成功し、それを用いて多くの感染症患者を救うことに成功しました。

このようなことがあって、フレミング、ローリー、チェインの3人は1945年にノーベル賞を受賞することになりました。

## ❷ 抗生物質の殺菌機構

研究の結果、ペニシリンが細菌を撲滅するのは、細菌細胞が持つ細胞壁を融かすことによるものであることがわかりました。先に見たように、細菌は骨格を持たないので、細胞の自立性を保つために細胞膜の外側に植物細胞と同じようにセルロース製の細胞膜を持ちます。ペニシリンはこの壁を融かすので、細菌細胞は自立することができなくなって溶けるようになって死滅するのです。

しかし、ウイルスは細胞でないので、細胞膜はもちろん、細胞壁も持っていません。したがってウイルスは、ペニシリンはもちろん、ほかの抗生物質にも何の影響も受けません。つまり、抗生物質が効力を発揮するのは細菌に対してだけであり、ウイルスには何の効力もないのです。

## ❸チャーチルの肺炎

第二次大戦後、抗生物質が華々しく登場した陰には美しい話が語られていました。ペニシリンの発見者であるフレミングは若い頃に、後に英国首相になるチャーチルが池で溺れているのを助け、それに感謝したチャーチル家がフレミングに学資を出したというのです。そのおかげで医学者になったフレミングがペニシリンを発見し、第二次世界大戦末期、肺炎で苦しむチャーチルの命を救ったと言います。

残念ながら、この話は全くの嘘のようです。まず二人の年齢ですが、チャーチルの方が7歳年上です。また、チャーチルの肺炎の治療に用いられたのはペニシリンではなく、抗生物質の無い当時、合成医薬品として効果の大きかったサルファ剤でした。

それはともかく、多くの細菌性の疾患に対してペニシリンが驚異的な治療効果を示したのは間違いのない事実でした。ペニシリンの発見を契機にその後多くの抗生物質が発見されたことは言うまでもありません。

### ❹ 家康の腫瘍

チャーチルの話は世界的に知られた都市伝説ですが、日本にもペニシリンに関係したと思われる都市伝説があります。それはかの徳川家康にちなむものです。

1554年、羽柴秀吉軍と織田信長・徳川家康連合軍は現在の愛知県北部にある小牧、長久手地方で、歴史に残る名勝負、小牧・長久手の戦いを戦いました。紆余曲折の末、結局織田・徳川連合軍が勝ったのですが、その戦いの傷がもとで家康の背中に大きな腫物ができ、家康は大変に苦しんだといいます。

そのとき、家康の家来の一人が戦場の近くに腫瘍によく効くと有名な神社があることを聞きつけ、お参りに行ったそうです。そこで宮司にもらったのが茶碗一杯の青カビだったと言います。早速それを家康の患部に塗ったところ、家康は大量の汗をかき、その汗が引いた時には腫れも引いて治ったといいます。これは青カビであることから、ペニシリンだったのではないかということで、ペニシリンで命を救われた世界初の人物は徳川家康であるという都市伝説です。ちなみに、この神社には、腫瘍が治った時のお礼として茶碗一杯のご飯をお供えすることになっており、これにカビが生えることで、青カビの再生産が行われていたといいます。

## 抗生物質の種類

ペニシリンの絶大な効果が明らかになると、世界中に新しい抗生物質の発見の動きが広がり、多くの抗生物質が発見されました。いくつかの代表的な抗生物質の構造式を図に示します。

2015年のノーベル生理学・医学賞

●そのほかの抗生物質

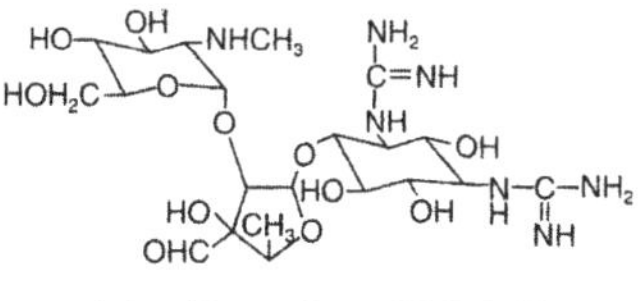

ストレプトマイシン(1944)

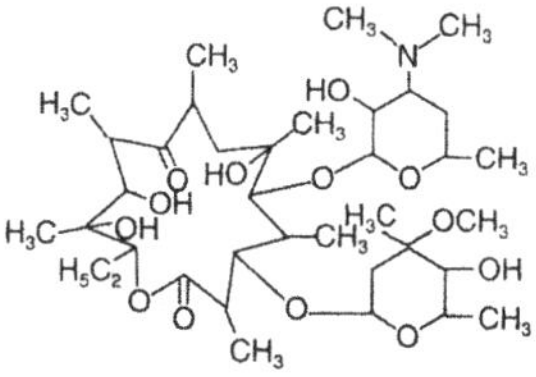

エリスロマイシン(1952)

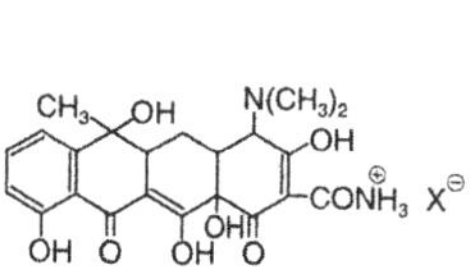

テトラサイクリン(1948)

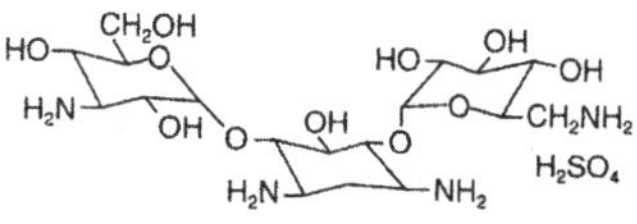

カナマイシン(1957)

を受賞した大村・キャンベル両氏の業績は寄生虫を殺す効果の強いアベルメクチンという物質を発見したことでした。アベルメクチンを化学的に改変してさらに効果を高めたのがイベルメクチンと呼ばれる医薬品です。イベルメクチンはアフリカの風土病とも言われた寄生虫による失明を激減させたといいます。

## 耐性菌

抗生物質は驚異的な治癒力を示しましたが、そのうち、問題が起こってきました。それは、それまで抗生物質によって撲滅された菌に、ある時から急にその抗生物質が効かなくなったのです。すなわち、菌が抗生物質に対して抵抗力を獲得したのです。このような菌を耐性菌といいます。

耐性菌を撲滅するには、他の抗生物質を使わなければなりません。しかし、そのうち菌は、その新しい抗生物質に対しても抵抗力を獲得するようになります。すると、また新しい抗生物質を探さなければならない、というイタチごっこが始まります。

これでは、いくら新しい抗生物質を発見しても足りません。このような状況を打開する方法は2つ考えられます。一つは抗生物質を使わないことです。しかしそれでは肝心の治療ができません。そこで、抗生物質をできるだけ使わないようにして温存し、ここぞ、という時にだけ使う、いわば「伝家の宝刀」とするのです。

もう一つは、既存の抗生物質に化学的な反応を加え、分子構造の一部を変化させます。すると、耐性菌はそれを新しい抗生物質と認識し、耐性が効かなくなる可能性がでてきます。つまり、天然医薬品の抗生物質に、化学反応の技術によって新しい装いを着せるのです。天然医薬品と合成医薬品の融合、コラボレーションというようなコンセプトです。

# ワクチンの歴史

私たちは細菌やウイルスなど、さまざまな病気の原因となる物、病原体に囲まれています。このような病原体が体内に入ると病気になり、高熱を出して苦しむだけでなく、最悪の場合には命を失ってしまいます。人類の歴史を通じて大半の人々がそのようにして命を失ったのではないでしょうか?

ワクチンというと必ず出てくるのが、ワクチンを開発したと言われるイギリスの医師、エドワード・ジェンナーです。ジェンナーは1798年、牛痘(牛がかかる天然痘)を用いた天然痘予防の論文を報告しました。これが、科学的に記録されている人類史上、初めてのワクチンです。

## 原始的なワクチン

ワクチンが初めてその有効性を明らかにした病気は痘瘡（天然痘）でした。天然痘は感染力が強い上に致死率も高く、しかも治っても顔に醜いケロイド状の跡（アバタ）が残るという恐ろしい病気でした。戦国時代の武将伊達正宗が隻眼（片眼）だったのも天然痘のせいと言われます。江戸時代の島津藩主、島津斉彬の御台所が常に顔を紙で隠していたのも天然痘によるアバタのせいと言われています。

しかし、人々も天然痘に手をこまねいていたわけではありません。西アジアや中国では、天然痘患者の膿を健康人に接種して軽度の天然痘を起こさせて免疫を得ることが行われていました。現在の言葉で言えば正しく「ワクチン接種」です。しかしこの方法では重症化する例が数％もあったといい、いわば命がけのワクチン接種でした。

## ジェンナー・ワクチン

1796年にイギリスの開業医エドワード・ジェンナーは、牛を飼育している家や地域では、牛痘にかかると天然痘にならないという話を耳にしました。そこで牛痘に罹った牛の膿を用いた安全な牛痘法を考案し、ジェンナー家の使用人の息子を実験台にして実験した結果、この牛痘法が有効であることを発見し、学会に報告しました。

これが世界中に広まり、天然痘の流行の抑制に効果を発揮しました。ワクチンという言葉もこの時用いられたものです。

しかし、のちの研究で牛痘ウイルスと天然痘ウイルスには免疫交差の作用がない、つまり、牛痘ワクチンは天然痘には効果が無いことが明らかになりました。しかしジェンナーのワクチンは少なくとも実験台になった男の子には有効だったのです。

これは、ジェンナーが使った牛痘の膿に混じっていた別のウイルスによる効果だったのだと考えられます。つまりジェンナーが天然痘ワクチンを生み出せたのは偶然によるものだったということで

●ワクチニアウイルス

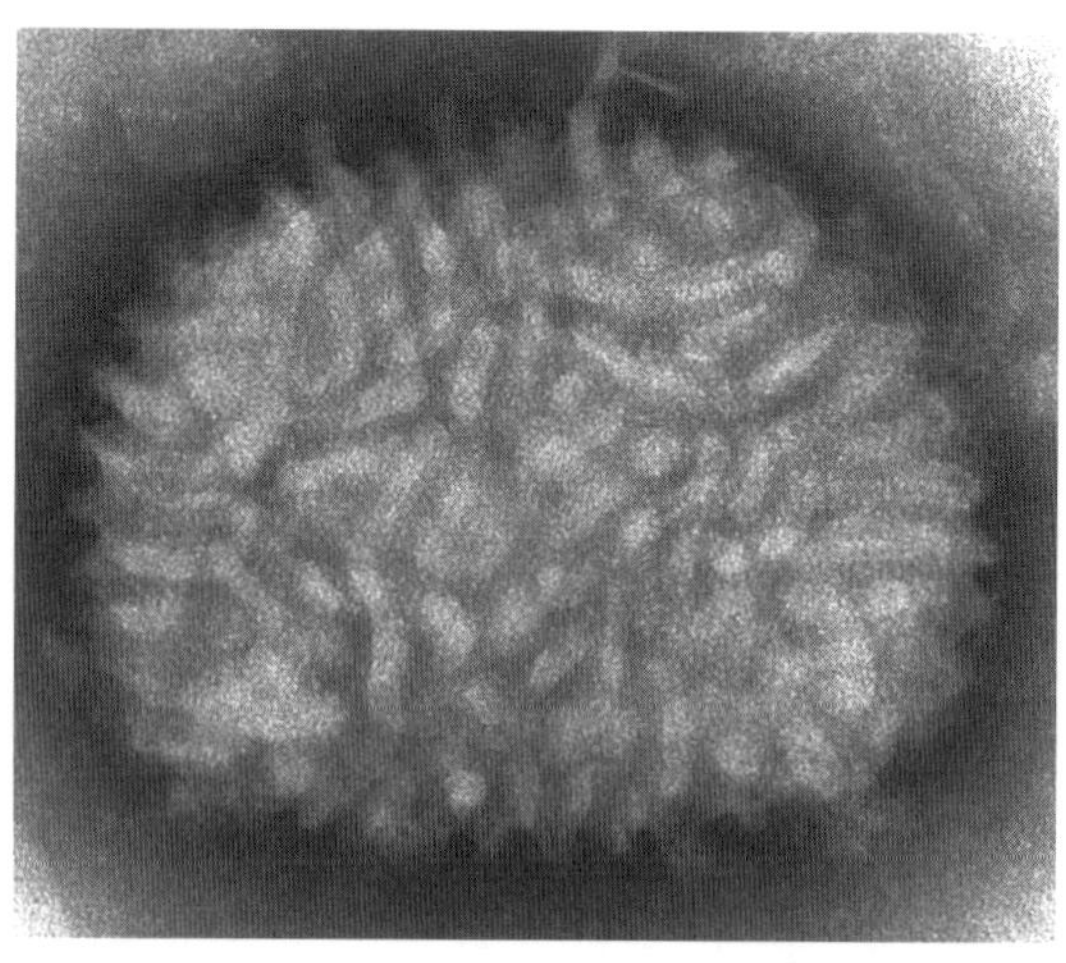

す。このウイルスはのちに「ワクチニアウイルス」と命名されましたが、近年になって馬痘ウイルスもしくはその近縁種であったのではないかと言われています。

## 近代のワクチン

フランスのパスツール、ドイツのコッホによって微生物に対するワクチンの基礎が作り上げられたのは、ジェンナーの発見後およそ100年経った1880年代のことでした。

パスツールは「強い病気を起こすものから弱い病気を起こすものを人工的に作り出してそれをワクチンにする」という考えを打ち出しました。この考えは現在でも認められておりワクチンの作製原理となっています。

1900年代になると、新しいウイルスや細菌が次々と見つかりました。しかし、それと同時に鳥の卵を使ってワクチンの原料となるウイルスを増やす製造法や人工的に細胞を培養する方法、組み換えDNA技術などを使って、ワクチンを作り出す技術も進歩し、次々と新しいワクチンが開発されました。またワクチンの種類も古典的な種痘から生ワクチン、そして生ワクチンから不活化ワクチンへと変わり、安全性も向上しました。

## ワクチンの勝利

ワクチンがもたらす最大の成果は感染症の根絶です。これまでに根絶に成功したのは天然痘です。最後の患者が発生したのは1977年のことであり、その2年後に根絶が確認され1980年にWHOが根絶宣言を出しました。

牛疫は牛の急性伝染病ですが、これは最後の発生が2001年で、9年間発生していません。近々、根絶宣言が出される予定だそうです。

一方、ポリオと麻疹(はしか)は天然痘根絶計画が進展した1974年に、WHOが根絶可能なウイルス感染症として予防接種拡大計画を始めたものです。ポリオは、日本を含めてほとんどの国で根絶の前の段階である排除に成功しています。しかし、アフリカなどでまだ発生が続いています。麻疹は日本でも未だ発生しており、根絶の見通しは立っていません。

# 免疫とは

私たちの体には外部から侵入した病原体を迎え撃って撲滅する力が備わっています。それが免疫です。免疫は侵入した病原体を攻撃して殺し、破壊して無力にするだけではありません。一度侵入して撲滅された病原体の特徴や弱点をしっかりと覚えているのです。そしてその病原体が再び体の中に入ってきた時にはその記憶を基に、攻撃準備を直ちに整え、病原体が活動するのを妨げ、病気になるのを防ぎ、たとえ病気に罹っても症状が軽くて済むのです。

免疫の大切な所は、この記憶装置ということができるでしょう。私たちの体は私たちを苦しめた病原体を覚えており、二度と同じ病原体に苦しめられることの無いよう、常に装備を整えているのです。ですから何回も病気を体験した大人は病気に強く、生まれて間もない赤ちゃんは免疫の装備が手薄なので病気に弱いのです。

## 免疫系の構成

免疫は主に血液が行う作用です。血液を構成する成分のうち、赤血球と血小板を除いた細胞成分はまとめて白血球と呼ばれます。白血球のうち、主に免疫機構に関与する細胞を特に免疫細胞と呼びますが、免疫細胞の70％は腸管に存在すると言われます。それは体内に侵入する異物の多くは食物由来であり、それは腸管を通って吸収され、体内に侵入するからでしょう。

## 白血球の構成

白血球はいろいろの種類がありますが、主なものは食細胞と言われる好中球を中心とした顆粒球であり、白血球のおよそ70％を占めるといわれます。そのほかにはマクロファージ、B細胞、T細胞などです。T細胞にはヘルパーT細胞とキラーT細胞の2種類があります。

# 抗原抗体反応

免疫細胞は体内に入った異物、「抗原」をどのように迎え撃つのでしょう。それには程度の低い、相手構わずに攻撃する初歩的な段階から、相手の種類と行動をじっと観察してから攻撃する高度な攻撃まで、何段階かの種類があります。免疫細胞の働きを、順を追って見てみましょう。

## 初歩的出動

まず攻撃に出るのは好中球です。好中球は異物を見つけたら相手構わず、何でもパクパク食べてしまいます。いわば原始的な防御です。好中球で太刀打ちできない強敵が現れると、マクロファージが出動します。マクロファージは異物を食べるだけでなく、異物の残骸を自分の体につけて異物の種類を味方に示します。

## 中核的出動

この戦闘振りを見ていたヘルパーT細胞はB細胞とキラーT細胞に命令を下します。B細胞には敵に相応しい武器を作るという命令が下ります。B細胞は抗原からの情報を受けると形質細胞という細胞に変質し、同時にその抗原専用の武器「抗体」を生産します。抗体は各抗原に専用ですから、何万、何十万種類もあることになります。そのため、作るのが大変であり、新規に作る場合には1週間ほど掛かります。

●免疫担当細胞

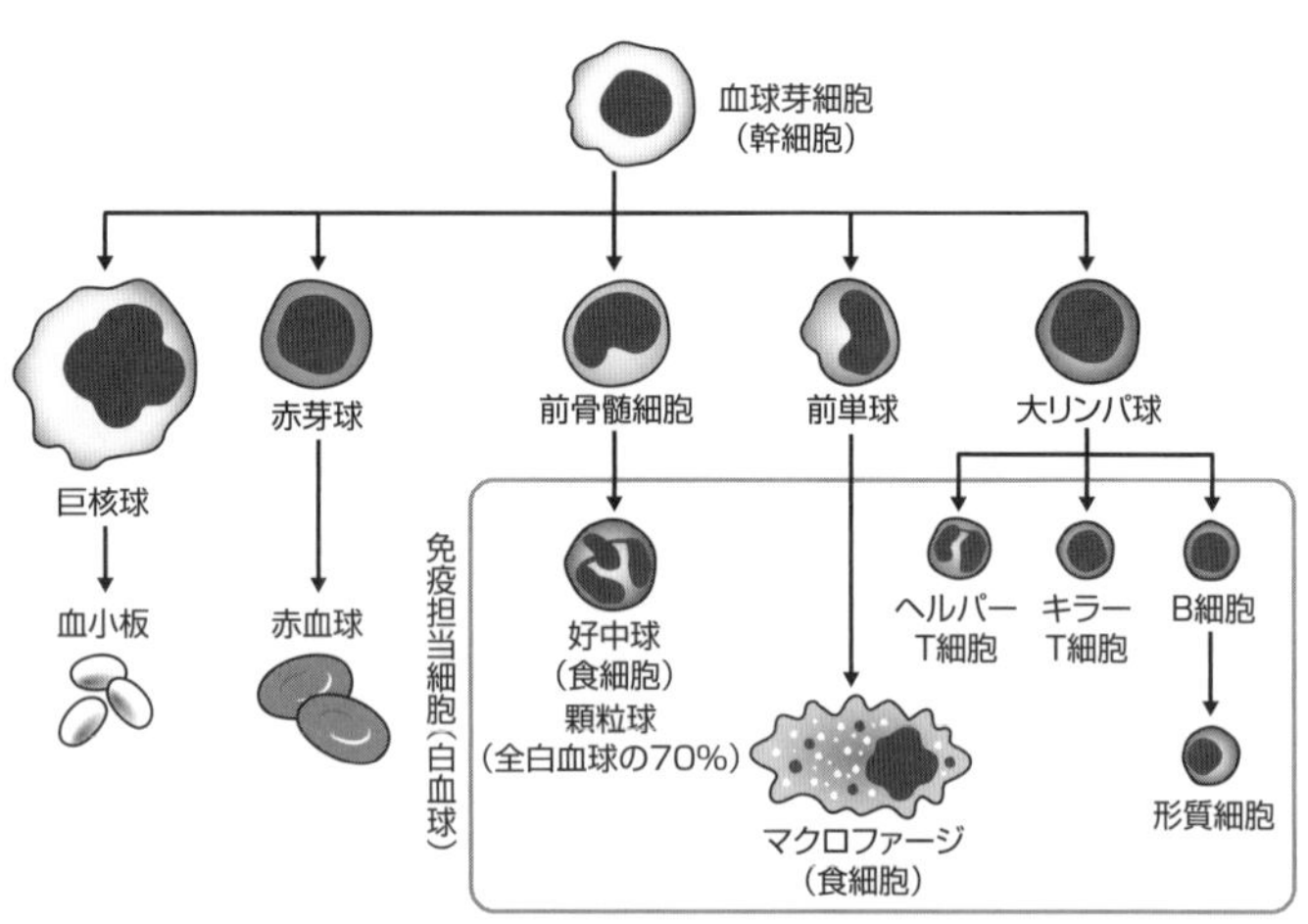

## 本格的出動

抗体ができると形質細胞（旧B細胞）は、この武器「抗体」を手にして闘いに加わります。同時に抗原に抗体を貼りつけます。つまり抗体は武器であると同時に、抗原に対する指名手配書の役割もするのです。

ヘルパーT細胞の命令を受けてキラーT細胞は出撃します。キラーT細胞は抗体の着いた抗原を次々と攻撃して破壊します。しかし名前がキラー（殺し屋）ですから乱暴者で、敵だけでなく味方をも攻撃することがあります。

このような強力な援軍が来た生体は万全の戦闘態勢です。ついに敵は殲滅され、病気は回復となります。

SECTION 30

# ワクチンの効用

ワクチンの有効性の仕組みは、私たちの体内に故意に抗原を送り込み、体内に備わった免疫系をその抗原に対して発動させ、抗体を作らせるものです。単にワクチンという場合には、この体内に故意に送りこまれる抗原のことをいいます。

## ワクチンの効用

本来ならば抗原は病原体であり、病原体に感染した生体は病気を発生するのですが、それでは医薬品になれません。そこでワクチンに用いられる抗原は本物の抗原ではなく、模倣のフェイク抗原になっています。模倣品ですから、模倣の仕方もいろいろあります。それによってワクチンの種類もいろいろあることになります。

最も摸法度の低い物、つまり本物の抗原、病原体に近い物は、病原体を発病させる力が無くなるほどに弱らせた物ということになるでしょう。あるいは、病原体を殺してしまって、その死骸を用いても有効かもしれません。また、何も病原体そのものを用いなくても、病原体が分泌する毒物(トキソイド)を用いることも考えられます。

このような考えに従ってそれぞれのワクチンが実際に作られて使用され、そのいずれもが有効であることが判明しています。

## 生体に抗原を作らせる

抗原を有効成分とするワクチンの他に、ワクチンの成分が生体に抗原を作らせるタイプのワクチンもあります。これは新しいタイプのワクチンであり、実用化されたのは今回の新型コロナウイルスに対するワクチンが初めての例になります。

このワクチンの有効成分は核酸のｍＲＮＡ(メッセンジャー・リボ核酸)であることから、核酸ワクチンあるいはｍＲＮＡワクチンと呼ばれています。

## ワクチンの種類

ワクチンにはいろいろの種類があります。主なものを見てみましょう。

### ❶生ワクチン

生ワクチンはウイルスや細菌を、生存能力を損なわない程度に弱らせ、その病原性を無くしたり、低下させることによって作ったワクチンです。そのため、弱毒化ワクチンもしくは弱毒ワクチンとも言います。

### ❷不活化ワクチン

不活化ワクチンは、細菌やウイルスを殺して毒性をなくし、免疫をつけるために必要な成分を取り出してワクチン化したものです。死菌ワクチンとも呼ばれ、狭義の不活化ワクチンは化学処理によって死んだウイルス、細菌を使用します。不活化ワクチンは接種された生体では異物として認識されるだけで感染することは無いため、感染細胞はできません。そのため細胞性免疫は生成されず、抗体による液性免疫だけが発生します。

### ❸ トキソイドワクチン

トキソイドとは、細菌の分泌する毒素やヘビ毒など生物の産生する毒素(トキシン)を、ホルムアルデヒドで無毒化したもののことを言います。細菌などの病原体本体ではなく、それが分泌する毒素だけを取り出してホルマリン処理によって無毒化したものであり、免疫を作る能力はありますが、病気を引き起こすような強い毒性はありません。

トキソイドは類毒素と呼ばれることもあり、不活化ワクチンの一種とされることもあります。しかし、不活化ワクチンが病原体そのものをワクチン成分として用いるのに対して、トキソイドは細菌の分泌する毒素だけを対象とするものであり、両者は異なる概念であるとされることもあります。不活化ワクチンと同様に、充分な免疫を獲得するためには複数回の接種が必要となります。

### ❹ 核酸ワクチン

核酸ワクチンは核酸を用いたワクチンであり、最近になって開発されたワクチンです。利用する核酸の種類に応じてRNA(リボ核酸)ワクチンとDNA(デオキシリボ核酸）ワクチンがあります。

核酸は遺伝を支配する物質であり、ＤＮＡとＲＮＡの２種類があります。ＤＮＡは母細胞から娘細胞に送られたタンパク質の設計図なのです。そのため、ＤＮＡは遺伝を支配する物質と言われます。

母細胞から送られたＤＮＡに対して、ＲＮＡは娘細胞が自分で作った核酸です。ＤＮＡのうち、現在の生体を再現するために必要な情報を遺伝子と言いますが、この部分は全ＤＮＡのわずか５％程度と言われます。ＲＮＡは、この遺伝子部分だけををつづり合わせた核酸であり、ＤＮＡの重要部分を持っており、実質的なタンパク質の設計図です。

ｍＲＮＡワクチンは、ｍＲＮＡを利用して免疫反応を起こすワクチンのことを言います。ワクチンの本体は化学的に合成されたｍＲＮＡの分子です。これが生体の細胞内に入ると、ワクチンのｍＲＮＡは細胞に作用して、細胞に本来は抗原（ウイルスやガン細胞）によって産生されるはずの外来タンパク質を作らせます。つまり、細胞自身に抗原を作らせるのです。

誰が作ろうと抗原は抗原ですから、生体の免疫系はこの抗原に対抗する抗体を作り、免疫体制を整えることになります。これがｍＲＮＡワクチンの機能なのです。

## ワクチン製造法

ワクチンの意味、効用、種類については先に見たとおりですが、ここではそのようなワクチンの製造法を簡単に見ておきましょう。

### ❶ 鶏卵培養法

受精した鶏卵のしょう尿膜腔内に微量のウイルスを摂種して増殖させた後、しょう尿膜液を取り出して抗原性のある部分を分離精製してワクチンとして用います。インフルエンザウイルスの作成に用いられる手法です。

### ❷ 動物接種法

マウスの脳内や小動物の体内にウイルスを摂種して増大させる方法です。大量のワクチンを作ることが可能であり、以前は日本脳炎のワクチン作りに用いられました。

### ❸細胞培養法

培養液中で培養した動物細胞にウイルスを接種して培養した後、通常の方法で処理する方法です。短期間に大量のワクチンを作ることが可能であり、現在、日本脳炎ワクチン、麻疹、風疹混合ワクチン、水痘ワクチンの製造などに利用されています。

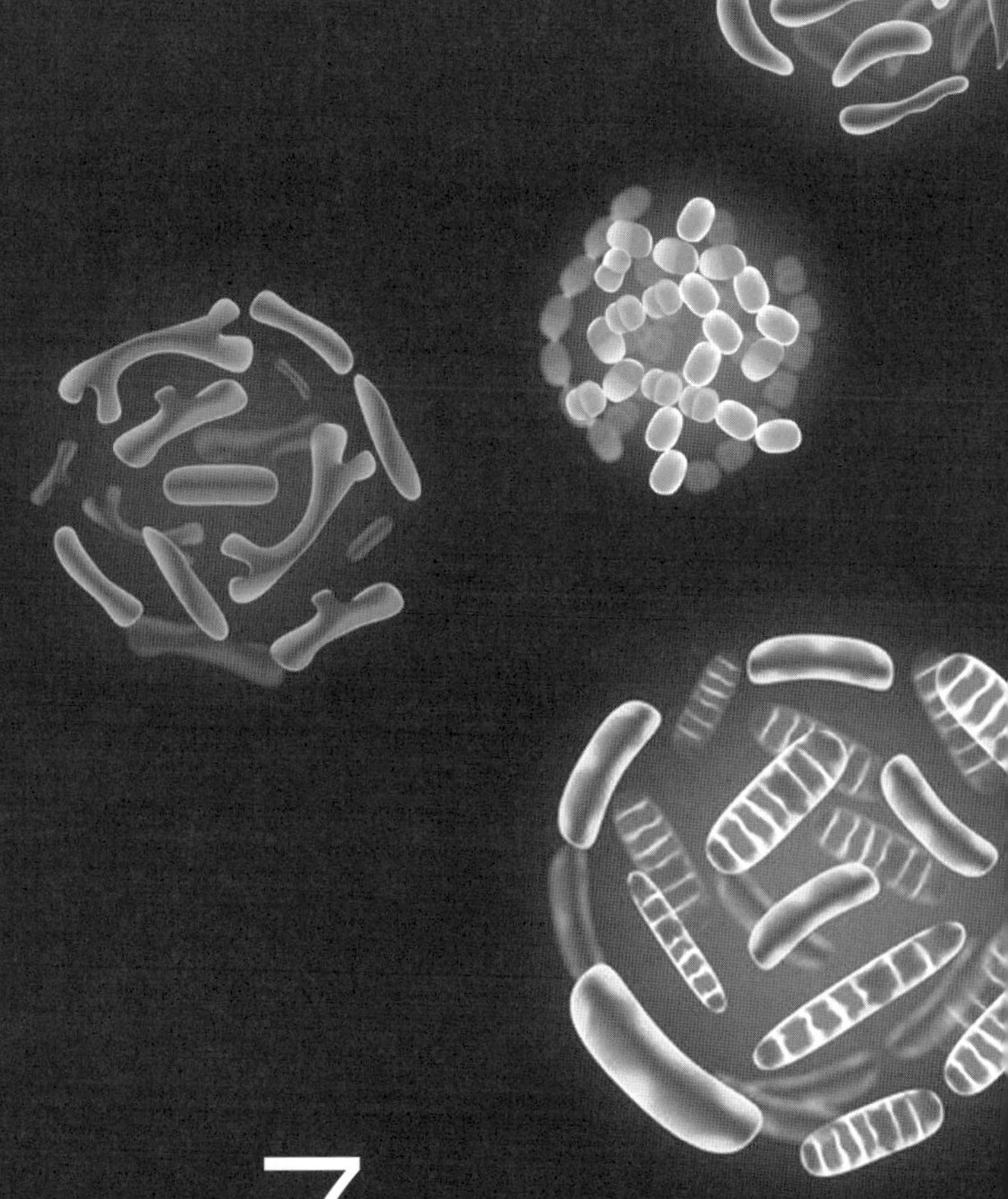

# Chapter. 7
# バイキンと工業

SECTION 31

# バイキンとプラスチック

私たちの生活環境はどこを見てもプラスチックの見えないところはありません。私たちはプラスチックに囲まれ、プラスチック衣類に包まれてプラスチック製品を使って生活していると言ってよい状態です。しかし、そのプラスチックが登場したのは、フェノール樹脂のように特殊な熱硬化性樹脂は19世紀末ですが、ナイロンやポリエチレンのような一般的な熱可塑性樹脂が登場したのは20世紀に入って30~40年たってからのことです。

ですから一般的なプラスチックの歴史はまだ1世紀に満たないのですが、プラスチックの弱点は、明らかになっています。その主な原因はプラスチックの長所が裏目に出たという面があります。つまり、プラスチックの長所は安価で丈夫で成形しやすいということにありますが、そのせいでこのように一般家庭の隅々にまでプラスチックが進出したのです。

## プラスチック廃棄物

ところで、どのような道具も、ある時点で用が済み不要になるのですが、プラスチックで困るのはその先です。つまり、不要になったプラスチックの始末が大変なのです。成形しやすいことを利用して、別の製品に再加工しようとしても、プラスチックの種類は多く、多くの種類が混じってしまったプラスチックでは、再加工しても良質の製品はできません。せいぜいが園芸用のプランターや植木鉢、あるいは道路舗装用のアスファルトに混ぜるチップ程度です。大きな家電類は廃棄しようとすると有料です。細かいプラスチック製品は可燃ごみとして燃やされたり、埋め立てに回されたりします。そうなると問題になるのがプラスチックの丈夫さです。

このようなプラスチック類はいつまでも環境に残り、埋め立て地の軟弱さの原因になり、美観を損ねる原因になります。そして最後は海に流されて海洋汚染の元凶になります。ウミガメなどの海洋生物がそれをクラゲなどと間違えて食べ、満腹状態になって栄養不良で命を失います。

## マイクロプラスチック

最近、問題になっているのはマイクロプラスチックです。海洋に流れ着いたプラスチックは強烈な紫外線に晒された結果、脆くなって破壊され、波に揉まれて砕けて小さい破片になります。1辺がおよそ5㎜以下のものをマイクロプラスチックと言いますが、細かいものは1辺が0・1㎜以下になるといいます。

このようなマイクロプラスチックは単位重量当たりの表面積が大きくなり、その表面にいろいろの海洋不純物を吸着します。その微小なプラスチック片をバクテリアが食べ、そのバクテリアを小型魚が食べ、それを中型魚が食べ、それを人間が食べ、というように食物連鎖を続けるうちに生体中の海洋不純物の濃度が高まるという大きな問題になります。

マイクロプラスチックの中には大きな製品が崩れて小さくなったものだけでなく、研磨剤、歯磨き粉、化粧品の原料などとして最初から微小物質として作られたものもあり、現在、年間に環境に出現する量は800万トンといわれています。これを減らすにはどうしたらよいのかというのが喫緊の問題となっています。しかし、一旦、海洋に放出されてしまったマイクロプラスチックを回収するのはほとんど不可能と言わなければならないでしょう。

## 微生物分解性プラスチック

マイクロプラスチック問題の解決策は、放出してしまったマイクロプラスチックをどうするかということではなく、これ以上マイクロプラスチックを出さないためにはどうしたらよいのかという問題ではないでしょうか？

このような問題の解決策の一つがバイキン、微生物を利用したプラスチック作成です。例えば乳酸には1分子中にヒドロキシ基とカルボキシ基があります。この2個の置換基は互いにエステル結合をして重合して高分子、ポリ乳酸になることができます。

この結合は簡単に加水分解できますし、加水分解の結果発生した乳酸は、微生物に食べられて消滅します。ポリ乳酸の生理食塩水中での半減期はおよそ半年程度です。つまり、このようにしてできた高分子、プラスチックは微生物によって分解されることのできる微生物分解性高分子ということになります。

このような高分子は耐久性が低いので、長期間使う製品には向きませんが、短期間で使いきる容器などには最適ということができるでしょう。スーパーなどの刺身用のトレーなどに最適ではないでしょうか。また、手術用の縫合糸に用いると、一定期間で分解吸収されるため、抜糸のための再手術が不要という利便さもあります。

このような生分解性高分子にはポリ乳酸の他にもポリグリコール酸、ポリブタン酸などが開発されています。

●生分解性高分子の種類と用途

| 種類 | 生理食塩水中半減期 | 用途 |
|---|---|---|
| $-(CH_2CO-O)_n-$ ポリグリコール酸(PGA) | 2〜3(週) | 縫合糸(手術用) |
| $-(CH(CH_3)-CO(=O))_n-$ ポリ乳酸 | 4〜6(月) | 容器、衣類 |
| 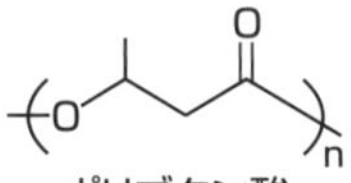 $-(O-CH(CH_3)-CH_2-C(=O))_n-$ ポリブタン酸 | – | 再生可能 |

# バイキンとエネルギー生産

現代社会はエネルギーの上に成り立っています。私たちの使うエネルギーの大部分は電気エネルギーですが、電気エネルギーは自然界から取り出すことはできません。雷のエネルギーは莫大ですが、場所も時間も特定できないエネルギーを有効利用するのは不可能です。電気エネルギーは発電によらなければならず、現在、そのために用いるエネルギーの多くは石炭、石油、天然ガスなどの化石燃料に頼っています。しかし、化石燃料の可採年数は石炭が130年、石油、天然ガスが60年程度と残り少ない状況です。さらに、これらの燃焼によって生じる二酸化炭素は温室効果をもち、地球温暖化という大問題を招きつつあります。

何とか、この問題を解決しないと、将来のエネルギー問題は人類にとっての大きな課題となるのですが、それに対してもバイキンは大きな救いの手を差し伸べてくれています。

## 発酵熱農法

生ごみや農業廃棄物、つまり、穀物を脱穀した後の藁くず、除草した雑草、家畜のフン、多少の土などを混ぜて農場の一角に積んでおくと、細菌が自然発生し、繁殖を始めて最終的には農地の肥料として最適の堆肥となります。すると大量の繁殖熱を発生し、堆肥発生の途中には内部温度は80℃に達することがあります。

現在、堆肥作りで積極的に利用されているのは最終生成物の堆肥ですが、見逃しては勿体ないのが、この発熱です。現在の農家ではビニールハウスを利用したハウス農法が主流になりつつあり、ここで冬の間にイチゴや夏成りの果実などを促成栽培しています。しかしその場合、当然ながらハウス内を暖房する必要があり、その暖房のために利用する石油などの燃料代が農家にとって大きな負担となっています。

その暖房として堆肥作りを利用することが検討されています。堆肥の山とビニールハウスをパイプで結び、堆肥で発生した熱でビニールハウス内を温めるのです。当然、暖房費は相当節約できるはずですし、もし、ビニールハウスの暖房で余るほどだったら、住居に回して家内暖房の費用を浮かすこともできるはずです。

もし、大量に堆肥を作る場合には発生した熱を地域暖房に利用することもできるでしょう。また、堆肥の作成過程には二酸化炭素が発生します。二酸化炭素は地球温暖化を進める公害物質ですが、同時に植物にとっては光合成の原料です。堆肥で発生した二酸化炭素をビニールハウスに供給すれば栽培作物にとっては炭素肥料をもらったと同じことになり、成長に役立つことでしょう。また、二酸化炭素の温室効果によってハウス内の暖房効果も上昇することになります。発酵は農業にとって第二の生産物と考えることができます。積極的な利用を図りたいものです。

## 発酵エタノール生産

ブドウ糖をアルコール発酵させればアルコール、エタノールの混じったお酒が生産されます。このお酒を蒸留すれば純粋エタノールとなり、純粋エタノールは自動車、航空機など、内燃機関にとって優れた燃料となります。

現在、このようにして作った発酵エタノールは燃料として実用生産されていますが、問題があります。それは原料としてトウモロコシを用いているということです。トウモロコシはある種の民族、それもあまり裕福ではない民族の主食であり、それを食品以外の燃料に転化するのは倫理にもとるのではないかという問題です。

この問題を解決するには、原料にデンプン以外の物を用いればよいことになります。デンプン以外にブドウ糖を生産できる物質といえばセルロースです。セルロースはデンプンと同じ様に100%ブドウ糖からできています。人間はセルロースをブドウ糖に分解できませんが、草食動物はできます。そして、草食動物がセルロースを分解できるのは、体内にセルロースを分解する酵素や微生物を持っているからです。

このセルロース分解細菌を単離培養してセルロースをブドウ糖に分解させ、それを酵母によってアルコール発酵をさせれば何の問題も無くなります。日本中の休耕田あるいは公園に生えている草を刈って、それをアルコールに変えることができます。このアイデアはきっと近いうちに実現することでしょう。

## 発酵石油生産

石炭、石油、天然ガス（主成分＝メタンガス$CH_4$）は化石燃料と言われます。それはこれらの燃料が太古の昔に繁殖した樹木（石炭）、微生物（石油、天然ガス）が枯れ、あるいは死亡し、その遺骸が地下に埋もれて地熱と地圧によって炭化した物と思われているからです。

石炭は確かにその通りですが、石油の生成には生物が変化したという有機起源説以外にもいろいろあります。無機物である炭化カルシウム（カーバイド）$CaC_2$が水と反応してアセチレンHC≡CHができるように、石油も無機物から発生したという無機起源説、あるいは今世紀に入ってからアメリカの高名な天文学者が発表した惑星起源説、つまり、惑星ができるときには中心に膨大な量の炭化水素が閉じ込められ、それが比重の関係で地表に浮かび上がってくる間に地熱と地圧で石油に変化するという説などいろいろあります。そのなかに、石油生成細菌があります。この細菌は、石油があるときにはその石油を代謝分解して生きていますが、石油が枯渇すると二酸化炭素を石油に変えるのだそうです。つまり、この細菌を培養すれば、工場で石油を生産することができることになります。しかも、この細菌が生成する石油は上質であり、精製することなく、そのまま内燃機関の燃料として利用できるといいます。この細菌を利用して発酵石油を大量生産したら、日本のエネルギー問題は解決されるかもしれません。

## 発酵メタン生産

石油と同じように、細菌を用いた発酵によって天然ガスと同じメタンガス$CH_4$を作ろうとの計画もあります。

中国の田舎で時折起こったとして新聞に小さく載るのがトイレの爆発事故です。ポットントイレで用を足した女性が、匂いを消すために、マッチを擦ったところ、トイレの便壺内で爆発が起き、やけどをしたという、なんとも痛ましい事故です。

原因は簡単です。便壺内の便がメタン発酵してメタンガスが発生し、それにマッチの火がついたということです。これを利用しようというのが発酵メタンガス発生です。適当な容器を庭に用意しそこに庭仕事や調理でできた生ごみや糞便を入れておけば、細菌が勝手に繁殖してメタンガスを発生してくれます。これを台所や居間に運んで調理用や暖房用の燃料として用いるというものです。

発酵の終わった残りかすはそのまま乾燥すれば堆肥の原料になります。その気になれば明日からでも利用できる技術です。

## 細菌作成燃料の再生可能性

細菌が作成する燃料は石油、天然ガスなど、一般に化石燃料といわれるものです。化石燃料は燃えれば二酸化炭素$CO_2$を発生します。二酸化炭素は温室効果ガスであり、地球温暖化の元凶として知られています。これでは、いくら細菌が製造してくれても、人間は安心して使うことができないのではないでしょうか？

安心してください。これは植物燃料、バイオマス燃料と同じです。植物燃料の薪を燃やせば二酸化炭素が出ます。しかし、薪にするために伐採した植物と同じ量の子供植物を植えれば、その子供植物は燃えた親が発生した二酸化炭素を吸収して成長し、やがて親と同じ植物に成長します。つまり、この場合、二酸化炭素は親と子の間を循環しているだけで、再生しているのです。

細菌の場合も同じです。細菌が発生した二酸化炭素は細菌の餌になります。つまり、細菌はその二酸化炭素を用いてまた化石燃料を再生産するのです。地球上に二酸化炭素が増えることはありません。

# バイキンと食料生産

2022年11月、世界人口はついに80億の大台を突破しました。これから問題になるのは、現在80億、2060年には100億になると推定される人類の食料をどのようにして確保するかという問題です。農業生産物は先にみた、発酵温度、発酵堆肥などでカバーでき、また、ハーバー・ボッシュ法による空中窒素の固定によって実現した化学肥料、あるいは殺虫剤、殺菌剤等の化学技術によってカバーできるでしょう。

しかし、問題はタンパク質の供給です。現代のような人工飼育によって生産したのでは、タンパク質重量の数倍(鶏肉)から10倍(牛肉)近い重量の植物飼料が必要となります。もっと少ない量の原料でタンパク質を作ることはできないでしょうか?

## 石油タンパク質生産

そこで開発されたのが石油タンパク質です。これは石油から得られる直鎖状飽和炭化水素（ノルマルパラフィン）を微生物の飼料として与え、微生物の生産物からタンパク質を分離しようというものです。

## ❶ 問題点

この技術は1960年代にはすでに完成しており、精製したタンパク質は家畜の飼料として利用しようという意図のもとに開発されました。ところが消費者団体が、ノルマルパラフィンに含まれる微量の発ガン性物質が除き切れない可能性があるとのクレームを付け、また、「石油タンパク」という命名が食物にふさわしくないなどの意見もあったりしたため、結局日本では実用化することができませんでした。しかし、外国では実用化され、家畜飼料、あるいは人間用の代替タンパク質として利用されてきましたが、最近の石油の価格高騰を受けて採算がとりづらくなり、供給量は立ち止まりの様子となっているそうです。ところがまた、ウクライナ問題で穀物供給量が少なくなる可能性があり、家畜飼料の高騰、あるいは炭素離れから石油価格の先の見通しが困難こともあり、石油タンパク質の見直しが起こる可能性もあるといわれています。

## ❷ 炭素の存在量

宇宙から見た地球は、青く輝き、「水の惑星」のように見えるといいます。しかしその水は地球表面の薄っぺらな部分を覆っているだけで、その重さは地球の重さのわずか0・02％しかないと言われています。ほとんど無視できる量に過ぎません。地球の重さの30％は鉄の重さなのですから、地球は「水の惑星」などとロマンチックなことを言って喜んでいる場合ではありません。「鉄の惑星」というべきではないでしょうか？

私たちが目をやる所には、必ずなにがしかの植物が生えて緑色になっています。緑は植物の色であり、植物は炭素からできています。ところが、地殻中に占める炭素の割合は200ppm、なんと0・02％にすぎません。

そして、私たち生命体を作る物の主要部分は炭素、水素、酸素、窒素であり、生命体の主な食品は炭水化物$C_m(H_2O)_n$なのです。私たちが食べて命を繋ぐことのできる元素は炭素なのです。

その炭素を私たちは燃やしてエネルギーにしてしまっているのです。このようなことが許されるのでしょうか？　炭素は燃やすのではなく、食べなければならないのではないでしょうか？　石油タンパク質は近い将来、見直されるのではないでしょうか。

## キノコタンパク質生産

最近代替タンパク質が話題になっています。主なものは大豆を原料とした大豆タンパクですが、そのほかにコオロギ等の昆虫タンパク、あるいは細胞から培養した培養タンパクなどいろいろのものが開発されています。

大豆タンパクは長い歴史があり、作成も簡単であり、固体の肉から液体の牛乳まで、いろいろのタンパクの代用として活躍しています。その場合、味や外見は各種の合成味覚剤、合成香料、合成色素などで本物の肉に近づけることができるのですが、意外と難しいのが固さ、歯ざわりだといいます。

その固さ、歯触りが肉に近いということでイギリスを中心としたヨーロッパで広まっているのが「クォーン」という代替肉です。これはキノコの一種だと言われますが、イギリスの一地方で1960年代に発見された菌糸体であると言われます。

その菌糸体が繊維状に固まったものが代替肉とされているのであり、味、香り、外見を調整することによって、鶏肉、豚肉、牛肉に近い物を作ることが可能であり、普通の肉と見違えるほどと言います。

ヨーロッパでは10年ほどの歴史がありますが、最近アメリカでも市販されるようになりました。そのうち日本でも市販されるかもしれません。

## セルロースブドウ糖

先ほど見た、セルロースを分解してブドウ糖にする技術は、何もそれをアルコール発酵して燃料のアルコールにしてしまう必要はありません。ブドウ糖はそれ自身が立派な栄養源、カロリー源です。最近、アスリートたちがタンパク質を粉末プロテインに求め、それをコーヒーなどの飲み物に混ぜて飲んだり、パンやご飯に振りかけたりしてタンパク質の補充に使っています。それと同じ発想を用いて、粉末グルコース(ブドウ糖)として飲料水の甘味料、食品の甘味料として用いれば、砂糖の代用になるだけでなく、カロリーの補充にもなります。現在の人工甘味料が甘味だけあってカロリーが無いのと反対に、安価に甘味とカロリーを補給できる人工甘味料として、多くの需要が見込めるのではないでしょうか？　食料不足に伴うカロリー不足を補う格好の食品として多くの方々に喜ばれることでしょう。

## 食料の再生産

動物は食料を食べてそれを代謝（生化学反応）して生命を維持するためエネルギーを得、同時に副生成物として水と二酸化炭素を作り、呼吸作用によって体外に放出します。つまり、動物が増えれば増えるほど、そしてその動物が食物を食べれば食べるほど、大量の二酸化炭素を発生するのです。その結果は温室効果ガスの増加に伴って地球温暖化が進行するのではないでしょうか？

安心してください。この問題を解決してくれるのも微生物、細菌です。つまり、前の項目で見た、石油精製細菌、あるいはメタン生成細菌が二酸化炭素を石油やメタンなどの化石燃料に変えてくれ、その化石燃料は燃えてエネルギーを放出した後、また二酸化炭素に戻って再生産のサイクルを回転することになるのです。

このように考えると、地球のために本当に必要なのは微生物なのかもしれません。彼らの行う無限の再生産こそが、宇宙の永遠に繋がっているのかもしれません。

# バイキンと薬剤生産

バイキンは発酵、醸造、酪農、食品製造と多彩な分野に進出し、活躍しています。しかし、発酵生産物の全生産額に占める発酵食品の割合は17％に過ぎないそうです。残りは抗生物質、抗ガン剤などの医薬品、アミノ酸やビタミン剤などの化学薬品、及び整腸剤などに含まれる消化酵素といいますから、現代では発酵の活躍する場は医薬品が主体となっていると言った方が実状に近いのかもしれません。

## 抗生物質生産

抗生物質の定義は先に見たように「微生物が分泌して、ほかの微生物の生存を妨害する化学物質」なのですから、抗生物質を作るのに微生物の力を利用する、つまり発酵によるのは当然と言えば当然のことでしょう。

このように考えると、抗生物質は自然物が作った医薬品ですから、合成医薬品というよりは天然物を利用する漢方薬に近いとみるべきなのかもしれません。しかし、漢方薬は一種の薬の中に多種類の成分が混じっていますが、抗生物質は一種の抗生物質はただ一種の化学薬品であり、その意味で漢方薬とは違っています。

ペニシリンの発見以来、多くの抗生物質が発見され、その種類は1990年頃には5000〜6000種類があるといわれ、実際にも70種類ほどが用いられたといいます。最近でも2015年にノーベル賞を受賞した大村智博士のアベルメクチンの例があるように、抗生物質発見の歴史は継続中です。これからも優秀な抗生物質が発見される可能性が待っています。

## バイオ医薬品生産

バイオテクノロジー、つまり微生物の力、発酵を借りて作成する医薬品をバイオ医薬品と言います。バイオ医薬品の歴史はまだ新しく、最初にこの方法でできた医薬品は、1982年の糖尿病治療薬「ヒトインスリン」です。その後、抗ウイルス、抗ガン作用を持つ「インターフェロン」、「成長ホルモン」などが生産されてきました。

## バイオ医薬品の製造過程

バイオ医薬品は次のようにして作成されます。

① **遺伝子作成**

目的の医薬品（タンパク質）の情報が書かれた遺伝子を遺伝子組み換え技術によって作る。

⬇

② **細胞作製**

①で作った遺伝子を大腸菌、酵母などの微生物に導入する。

⬇

③ **培養・発酵**

②で作った微生物を培養タンク内で培養し、目的のタンパク質を大量生産する。

⬇

④ **抽出、精製**
③の培養液からタンパク質を抽出、精製する。
⬇
⑤ **製剤化**
目的のタンパク質を注射薬として製品化する。

## バイオ医薬品の特殊性

バイオ医薬品は化学的に見るとタンパク質の一種でありアミノ酸が連なった天然高分子ですから、分子量は数万から10万以上と、分子量がせいぜい数百の普通の医薬品と比べると遥かに大きくなっています。そのため、製造工程のちょっとした違いで、構造の異なる医薬品ができることがあり、その製造工程の管理には厳重な監視が求められます。

SECTION 35

# バイキンと化粧品生産

お化粧は、いってみればお絵かきに似たようなものです。絵を描く素材は、油絵ならキャンバスや板、水彩画なら紙、日本画なら絹布、ルネッサンスのフレスコなら漆喰（しっくい）壁、などです。お化粧ならば肌に相当します。一方、絵を描くための顔料は、絵画なら鉱物を砕いた岩絵の具、植物の絞り汁、化学的に合成した化学物質などですが、これは化粧品の場合も似たようなものです。エジプト時代の女性の目の周りは青く塗ってありますが、あれは宝石のラピスラズリを砕いた岩絵の具だったといいます。

化粧品は絵を描く顔料に相当する色素素材と、それで絵を描く素材を滑らかにする美肌剤になります。このうち、微生物が作用するのは後者の肌を整える美肌剤とそこに思い思いの絵を描く化粧品顔料ということになります。

## 発酵産業と肌の関係

中年を過ぎると、人の肌は各人各様になりますが、中には肌の美しさを保つと言われる職業があります。

その一つが酒造りの杜氏(とうじ)で、杜氏は夏の間は農作業に明け暮れるので、肌は陽に焼け、泥水に洗われて荒れるに任せてあるといわれます。ところが冬になって酒造りの里に移住し、そこで麹や酵母、醪にまみれているうちに肌の荒れは消え去り、春になって田舎に戻るころにはスベスベの手に戻っているといいます。また、昔は、乳酸菌飲料の工場で働く人にもそのような現象がみられたといいます。つまり、乳酸菌飲料の空き瓶を洗っている人の手はいつもスベスベして美しいというのです。

## 発酵エキス

麹や酵母など発酵細菌、あるいはこれら発酵細菌によって発酵された植物などを粉砕して得られる成分の混合物を一般に発酵エキスと言います。杜氏の手といい、乳酸菌飲料の工場で働く人の手といい、発酵エキスのせいでスベスベしているのではないかと言われます。その理由は「酵素の力で肌が柔らかくなり、角質保存効果が期待できる」「肌に浸透しやすく、美容効果が期待できる」というものです。発酵エキスの成分は天然のものが多く、合成化学薬品が少ないのも理由の一つと言われています。

## 発酵と化粧品顔料の関係

顔に塗る顔料で重要な物は口紅と頬紅の紅であり、日本の場合には平安の昔から「紅花」から採った「紅」が使われています。

### ❶口紅

紅花は紅をとる花ですから、赤い花と思いがちですが、実は黄色い花です。紅花の花弁にある色素は赤と黄色なのですが量は黄色の方が多く、そのため花は黄色く見えるのです。

しかし、黄色い色素は水溶性なので、水で流し去ることができます。紅花から赤い色素、カルタミンを得るのは発酵によります。まず紅花の花を摘み、それを水洗いして黄色を除いた後、花を臼でついてつぶし、丸めて丸い餅状にします。これを筵（むしろ）の上に並べて時折、水を掛けながら1週間ほど放置すると、発酵して赤が濃くなります。

このようにしてできた紅餅に灰汁を入れると灰汁に紅が溶け出すのでそれを麻布にしみこませ、それを絞ると紅が濃縮された液が残るそうです。それに梅の実から採った酸性の液を加えると、紅が沈殿し、水分を除くと粘液状態の紅が残るので、これを口紅に使ったのだそうです。

●紅花

## ❷ 鉄漿（おはぐろ）

江戸時代の女性は結婚すると歯を黒く染めていました。これを「おはぐろ」と言います。見なれない現代人にとっては異様なお化粧ですが、当時の人にとっては艶っぽい様子に見えたといいます。なお、平安時代には女性だけでなく、貴族階級の男性も「おはぐろ」をしていたそうです。桶狭間の戦いで織田信長に敗れた今川義元も「おはぐろ」をしていたことが知られています。

歯を黒く染めるにはいろいろの方法があったようですが、一般的だったのは、鉄を材料とした「鉄漿水（かねみず）」を使うことでした。鉄漿水を作るには、まず茶を沸騰させ、その中に焼いた古釘をいれ、飴、麹、砂糖を入れて2～3カ月冷暗所に保存します。次第に鉄はサビが出て水は茶褐色になります。

この鉄漿水と、ヌルデの葉の虫こぶからつくった五倍子（ふしこ）粉を交互に、お歯黒筆で歯に塗りつけるのですが、虫歯予防にもなったといいます。ただし、発酵品の「鉄漿水」はかなり悪臭が強く、これは口臭のマスキングにもなったといいます。

## アレルギー対応

食品アレルギーは食品が消化器官を経由して体内に入った場合に起こりますが、必ずしもそうとばかりは言えないこともあります。皮膚を通して起こる場合もあるので注意が必要です。

小麦を原料とした石鹸を用いた人が小麦アレルギーになった例もありますし、カイガラムシからとった赤色のコチニール色素を用いた口紅を愛用する人が、コチニール色素を用いた食品を食べてアナフィラキシーショックを起こした例もあります。ほかにもトウモロコシ、大豆、カラスムギなどでも同じような症状が現れたとの報告もあるといいます。

顔の皮膚は鋭敏です。そこに塗った物は他の部分に塗ったものより吸収されやすい可能性があります。吸収されたら、アレルギーの原因になる可能性はでてきます。化粧品は慎重に選択すべきであり、最初はひじの内側とか、鋭敏で目立たないところで試してみるのが賢明ということになりそうです。

## さ行



## た行



## 英数字・記号



## あ行



## か行

## ま行



## や行



## ら行



## わ行



## な行



## は行

## ■著者紹介

齋藤　勝裕（さいとう　かつひろ）

名古屋工業大学名誉教授、愛知学院大学客員教授。大学に入学以来50年、化学一筋できた超まじめ人間。専門は有機化学から物理化学にわたり、研究テーマは「有機不安定中間体」、「環状付加反応」、「有機光化学」、「有機金属化合物」、「有機電気化学」、「超分子化学」、「有機超伝導体」、「有機半導体」、「有機EL」、「有機色素増感太陽電池」と、気は多い。執筆暦はここ十数年と日は浅いが、出版点数は150冊以上と月刊誌状態である。量子化学から生命化学まで、化学の全領域にわたる。著書に、「SUPERサイエンス 人類が生み出した「単位」という不思議な世界」「SUPERサイエンス 「水」という物質の不思議な科学」「SUPERサイエンス 大失敗から生まれたすごい科学」「SUPERサイエンス 知られざる温泉の秘密」「SUPERサイエンス 量子化学の世界」「SUPERサイエンス 日本刀の驚くべき技術」「SUPERサイエンス ニセ科学の栄光と挫折」「SUPERサイエンス セラミックス驚異の世界」「SUPERサイエンス 鮮度を保つ漁業の科学」「SUPERサイエンス 人類を脅かす新型コロナウイルス」「SUPERサイエンス 身近に潜む食卓の危険物」「SUPERサイエンス 人類を救う農業の科学」「SUPERサイエンス 貴金属の知られざる科学」「SUPERサイエンス 知られざる金属の不思議」「SUPERサイエンス レアメタル・レアアースの驚くべき能力」「SUPERサイエンス 世界を変える電池の科学」「SUPERサイエンス 意外と知らないお酒の科学」「SUPERサイエンス プラスチック知られざる世界」「SUPERサイエンス 人類が手に入れた地球のエネルギー」「SUPERサイエンス 分子集合体の科学」「SUPERサイエンス 分子マシン驚異の世界」「SUPERサイエンス 火災と消防の科学」「SUPERサイエンス 戦争と平和のテクノロジー」「SUPERサイエンス 「毒」と「薬」の不思議な関係」「SUPERサイエンス 身近に潜む危ない化学反応」「SUPERサイエンス 爆発の仕組みを化学する」「SUPERサイエンス 脳を惑わす薬物とくすり」「サイエンスミステリー 亜澄錬太郎の事件簿1 創られたデータ」「サイエンスミステリー 亜澄錬太郎の事件簿2　殺意の卒業旅行」「サイエンスミステリー 亜澄錬太郎の事件簿3　忘れ得ぬ想い」「サイエンスミステリー 亜澄錬太郎の事件簿4　美貌の行方」「サイエンスミステリー 亜澄錬太郎の事件簿5［新潟編］　撤退の代償」「サイエンスミステリー 亜澄錬太郎の事件簿6［東海編］　捏造の連鎖」「サイエンスミステリー 亜澄錬太郎の事件簿7［東北編］ 呪縛の俳句」「サイエンスミステリー 亜澄錬太郎の事件簿8［九州編］ 偽りの才媛」（C&R研究所）がある。

編集担当：西方洋一 ／ カバーデザイン：秋田勘助（オフィス・エドモント）
イラスト：©Andrii Kolomiiets - stock.foto

# SUPERサイエンス「腐る」というすごい科学

2023年6月23日　初版発行

著　者　齋藤勝裕
発行者　池田武人
発行所　株式会社　シーアンドアール研究所
新潟県新潟市北区西名目所4083-6（〒950-3122）
電話　025-259-4293　FAX　025-258-2801
印刷所　株式会社　ルナテック

ISBN978-4-86354-419-2 C0045